水稻优质高产栽培技术

栽培技术

SHUIDAO
YOUZHI GAOCHAN
ZAIPEI JISHU

李鸣凤　龚　梅　张爱红 ◎ 主编

U0272291

中国农业科学技术出版社

图书在版编目（CIP）数据

水稻优质高产栽培技术 / 李鸣凤，龚梅，张爱红主编 . -- 北京：
中国农业科学技术出版社，2024.8

ISBN 978 – 7 – 5116 – 6819 – 6

Ⅰ.①水… Ⅱ.①李… ②龚… ③张… Ⅲ.①水稻栽培—
高产栽培 Ⅳ.① S511

中国国家版本馆 CIP 数据核字（2024）第 097281 号

责任编辑　张国锋
责任校对　李向荣
责任印制　姜义伟　王思文

出 版 者　中国农业科学技术出版社
　　　　　北京市中关村南大街 12 号　邮编：100081
电　　话　（010）82109705（编辑室）　（010）82106624（发行部）
　　　　　（010）82109709（读者服务部）
网　　址　https://castp.caas.cn
经 销 者　各地新华书店
印 刷 者　北京科信印刷有限公司
开　　本　170 mm×240 mm　　1/16
印　　张　13.5
字　　数　300 千字
版　　次　2024 年 8 月第 1 版　2024 年 8 月第 1 次印刷
定　　价　58.00 元

前　言

中国是以水稻为主要粮食作物的农业大国，年均水稻生产量和消费量均约 2.1 亿 t，居世界首位。水稻对保障我国粮食安全具有举足轻重的地位，从中央每年出台的一号文件中都能看到国家对水稻生产的重视，尤其是 2023 年的中央一号文件五次说"稻"：一是推动南方省份发展多熟制粮食生产，鼓励有条件的地方发展再生稻；二是继续提高小麦最低收购价，合理确定稻谷最低收购价；三是稳定稻谷补贴；四是逐步扩大稻谷完全成本保险和种植收入保险实施范围；五是推行稻油轮作，大力开发利用冬闲田种植油菜。因此，大力发展水稻优质高产技术，保证水稻安全生产，符合国家的政策导向，意义重大。

随着现代工业化进程的加快，全球地表温度上升趋势不可逆转。作为全球范围内易受气候变暖影响的敏感区之一，20 世纪中期以来我国平均升温速度明显高于全球或北半球的均值，尤其是高温热害出现频率的增加对我国水稻生产产生了显著且深远的影响。同时，单产增长缓慢、生产成本高和肥料利用效率低仍然是目前水稻生产面临的主要问题。此外，随着我国消费水平的不断提高，要求水稻生产不仅要保证粮食安全，还要生产出优质健康的大米，符合绿色、生态、可持续发展要求。

在水稻生产中，高效优质栽培技术直接影响着生产效率以及大米的口感和品质，也是实现水稻高产的前提。因此，保证水稻生产实现安全、高质、高效，是我国水稻栽培技术发展的重要内容。

水稻栽培在我国有悠久的历史和技术记载。随着社会的发展，水稻优质高产技术的发展也日新月异。随着经济社会的发展，城镇化规模的扩大，水稻种植面积的难以增加，加强水稻高产高效优质栽培技术研究和推广，提高水稻的单位面积产量，推广绿色防控技术，减少病虫害危害，为水稻种植户提供科学指导，保障国家粮食安全，变得更加重要。

为提高我国水稻生产技术水平，本书根据当今水稻生产的实际情况，重点综述了水稻优质高产栽培技术、水稻病害防控技术、水稻虫害防控技术、水稻草害防控技术以及水稻防灾减灾技术。

本书由第一主编李鸣凤（武汉生物工程学院）撰写 10 万字，并负责统稿工作。本书的出版获得湖北省教育厅科学研究计划指导性项目（B2022303）的资助，在此表示感谢。同时，感谢北京中惠农科文化发展有限公司为本书做的宣传推广工作！

本书汇集了作者近年来相关研究成果，参考了国内外相关论著和文献，对水稻生产中常见的技术问题进行了总结归纳，为从事水稻生产的技术人员与农民朋友提供参考。由于笔者水平有限，难免出现纰漏和错误，不当之处敬请批评指正。

编　者

2024 年 3 月

目　录

第一章　水稻生产概述

水稻（*Oryza sativa* L.），禾本科（Poaceae Gramineae）稻属（*Oryza* L.），是广泛分布于热带和亚热带地区的一年生草本植物。水稻原产于中国和印度，7 000年前中国长江流域的先民们就种植水稻。水稻一般分为籼稻（Indica）与粳稻（Japonica）2个亚种。籼稻籽粒细长而稍扁平，耐湿热，适宜低纬度、低海拔湿热地区种植；粳稻籽粒宽而短，呈椭圆形或卵圆形，耐冷寒，适宜中纬度和较高海拔地区种植。

水稻是人类赖以生存的主要粮食作物之一，是世界面积和总产仅次于小麦的第二大粮食作物，世界上约有55.9%的人口以稻米为主食。我国是世界上最大的稻米生产国和消费国，有60%以上的人口以稻米为主食，从事稻作生产的农户接近农户总数的50%。因此，水稻生产在我国国民经济中占有重要的地位。中国南方为主要产稻区，北方各省也有栽种。稻米营养丰富，一般精米中含碳水化合物75%～79%，蛋白质6.5%～9.0%，脂肪0.2%～2.0%，粗纤维0.2%～1.0%。稻米蛋白质中有营养价值高的赖氨酸等各种营养成分。在谷类作物中稻米含有的粗纤维最少，各种营养成分的可消化率和吸收率均较高，最适于人体的需要。此外，水稻的副产品用途广泛，米糠可以榨油，也是优良的精饲料；稻草可编织、造纸等。随着科学技术的发展，水稻副产品资源将发挥更多更重要的作用。

一、种植区域

我国稻区分布广泛，从南到北跨越热带、亚热带、暖温带、中温带和寒温带5个温度带，最北在黑龙江省的漠河（53°27′N），为世界稻作区的北限；海拔最高的稻区在云南省宁蒗县山区，海拔高度为2 965m。从总体来看，我国水稻种植区域的分布特点是东南部地区多而集中，西北部地区少而分散，西南部垂直分布，从南到北逐渐减少。

我国共分为六大稻作带，即南岭以南和台湾地区的华南湿热双季稻作带，南岭以北、秦岭淮河以南的华中湿润带、双季稻作带，云贵高原、青藏高原的西南高原湿润单季稻作带，长城以南、秦岭淮河以北的华北半湿润单季稻作带，长城以北、大兴安岭以东的东北半湿润早熟单季稻作带，河西走廊以西、祁连山以北的西北干燥单季稻作带。

二、产量和面积

随着科技的发展和进步，世界水稻单产水平不断提升。1961 年世界平均水稻单产 1 869.3kg/hm²，2013 年达到了 4 527.1kg/hm²，增长 1.42 倍，年均增长 1.74%。亚洲是世界水稻生产和消费的主要地区，2013 年总产量为 6.75 亿 t，占世界总产的 90%。其次分别是非洲 0.29 亿 t，南美洲 0.25 亿 t。

中国是世界最大的水稻生产国，总产位居世界第一，生产面积位于印度之后，居世界第二位。我国水稻种植面积占世界的 20%，产量多年在 2 000 亿 kg 以上，占世界大米总产量的近 40%。2023 年，我国水稻种植面积为 2992 万 hm²，比 2022 年减少 0.4%；产量为 21 284 万 t，比 2022 年增加 0.5%；单产为 7.11t/ hm²，比 2022 年增加 0.99%。

水稻种植面积和产量较大的省份有湖南、江西、广西、广东、四川、安徽、江苏、湖北、浙江、福建、云南、黑龙江 12 个省（区），播种面积和产量占全国的 85% 左右。种植的主要品种有杂交水稻和常规水稻，其中杂交水稻的种植面积占 60% 左右，常规水稻占 40% 左右。种植的主要方式有水田种植和旱地种植，其中水田种植占总种植面积的 95% 左右，旱地种植占 5% 左右。

三、生产特点和瓶颈

（一）水稻种植成本高、效益低

水稻种植的主要成本包括种子、化肥、农药、农业机械等，这些农资原料的价格受到国内外市场的波动和政策的影响，近年来呈现上涨的趋势，导致水稻种植成本不断增加。而水稻的价格受国家最低收购价和市场供需关系的制约呈现下降的趋势，种植效益不断降低。由于生产成本较高，种植收益大幅降低，不仅极大挫伤了农户种植水稻的积极性，更不利于促进稻农采纳绿色生产技术，阻碍了水稻提质增效，也影响了水稻种植的可持续发展。

（二）水稻生产的资源与环境约束日益严峻

随着种植技术水平的大幅度提升，化肥和农药利用率相对有所提高，但从整体来看，我国小农生产过度依赖化肥农药的生产方式仍未彻底改变，绿色要素投入还存在较大不足。在我国大部分水稻种植区，种植一季一般施肥为 2～3 次，喷药 2～4 次，极端条件下喷药次数还会翻倍。实际生产中，长期过量施用化肥和农药，会造成化肥流失、水体富营养化、土壤结构破坏、土壤酸化、土壤重金属污染等问题。农业生态退化日益严重，粮食生产保障能力和粮食安全面临前所未有的挑战。因此，在新的发展形势下，倡导农业绿色发展，引导稻农采用化肥农药减施技术，减少农用化学品使用，是从根本上改变化学品密集型生产方式的主要途径。

（三）气候变化下水稻安全生产威胁加大

我国水稻生产遭受的气象灾害种类多、地域性强、时期明显，其中高温热害和低温冷害是最主要的气象灾害。东北单季稻和南方晚稻抽穗开花期发生低温冷害的风险最大，而高温热害则在长江流域单季稻孕穗期至灌浆期、南方早稻抽穗开花期风险最大。1960—2009 年，我国长江流域单季稻和南方早稻抽穗扬花期的高温胁迫积温每年增加 0.12℃；东北、长江流域、云贵高原单季稻和南方晚稻抽穗扬花期的低温胁迫积温每年降低 0.21℃。据农业气象灾害观测数据显示，与前 10 年相比，2000—2009 年南方早稻孕穗期至成熟期高温胁迫发生的频次增加 6 ～ 15 次，东南晚稻移栽期和孕穗期的高温胁迫增加 14 次和 24 次；湖南和广西早稻移栽期发生低温冷害的频次增加 59 次，单季稻和晚稻孕穗期至成熟期的低温冷害增加 15 ～ 42 次；冷害的发生还表现出延迟型冷害减少而障碍型冷害增多的特征。在干旱和洪涝灾害方面，早稻乳熟期和成熟期发生干旱的频次分别增加 25 次和 20 次，单季稻和晚稻的抽穗期和成熟期的干旱则增加 52 次和 34 次；单季稻和晚稻的分蘖期和孕穗期发生洪涝灾害的频次增加 18 次和 37 次。为应对当前水稻生产所面临的灾变环境，需加强防灾减灾技术的创新和应用。

气候变暖导致热量资源增多，有利于扩大农作物潜在种植面积，增加粮食产能。1980—2010 年，气候变化使我国水稻适宜种植面积的比例增加约 4 个百分点，东北地区增加幅度最大。黑龙江省水稻潜在种植区随 2 000℃ •d 等值线北移约 4 个纬度，实际集中种植区北移约 1 个纬度。雨养条件下中国单季稻可种植北界可达黑龙江漠河县北部，灌溉条件下可达我国最北端。南方双季稻潜在种植边界北移 34 ～ 60km，部分稻 – 麦两熟区可满足早、晚双季稻的光热需求。气候变暖对我国北方稻区种植北界的影响较南方稻区明显。在气候适宜性方面，双季稻低适宜种植面积有所减少，中、高适宜种植面积有所增加。

水稻生产是个复杂的自然 – 社会系统，产量的长期变化同时掺杂了气候变化和人为因素。近几十年的气候变化对我国水稻产量造成了不利影响。1980—2010 年气候平均态的变化使我国水稻单产减少 0.25t/（hm^2 · 10 yr），1961—2010 年则造成水稻单产减少约 12.0%。在气候变化过程中，改种生育期长或者灌浆期长的水稻品种可提高产量，种植抗逆性强的品种或提高栽培管理水平能降低水稻产量的年际波动性。品种改良和合理施肥等措施对水稻产量的正效应甚至超过了气候变化的负效应。可见，气候变化虽然严重制约了水稻产量的增长，但我国通过适宜的方式积极应对这种不利影响，使水稻产量稳步提高。然而，未来气候变化仍将严重制约技术进步对粮食生产的贡献，增加农业技术创新的难度。

（四）新型技术推广服务能力有限，农户组织化参与度较低

随着农村人口流失以及人口老龄化日益严重，目前在农村从事水稻生产的人员年龄普遍偏大。系统性、专业化的现代农业技术推广服务是相对稀缺性资源，服务对象更加倾向于新型规模经营主体，而一般农户会因年龄或种植规模门槛的限制，很难得到基层农业技术服务。在此背景下，稻农获取新型水稻生产技术主要通过农户之间的交流沟通和观察合作社和企业等新型经营主体的示范。但是，稻农从这些渠道获取的技术信息缺乏系统性，难以有效提升对绿色技术的认知，导致稻农的绿色生产技术采纳意愿和采纳程度较低，限制了新型水稻生产技术的应用和推广，导致其服务能力受限。

另外，单一农户在进行稻谷交易时，议价能力弱，出售价格较低，多在1.8～2.3元/kg浮动。种植大户、合作社等新型经营主体在提升水稻种植技术和机械化水平方面更具有优势，有利于提高水稻产量与保证稳产、高产，有利于摊薄种植成本、提高种植效益。然而，我国主要水稻种植区内的规模化经营水平还不高，农户组织化参与度较低，产业链构建不够成熟，组织化交易优势不明显，还有较大的提升空间。

四、水稻生产未来的发展方向

（一）绿色化

从农业发展各环节来看，农业绿色化主要分为生产手段的绿色化、资源利用的绿色化、产业链条的绿色化和产品的绿色化。促进农业绿色发展，应以发展中存在的主要矛盾和问题为导向，从侧重物质要素投入向创新驱动转型，促进农业生产方式的绿色化转型升级。

在进一步实施化肥农药减量增效技术方面，应注重推广使用商品有机肥、机插秧同步侧深施肥、病虫害绿色防控、植保无人机施药等技术。在进一步提升水稻生产的可持续方面，加强稻虾综合种养模式、再生稻种植等技术的应用和推广，对多年生稻、功能性稻米等领域加强探索和研究。这不仅可以弥补石油农业阶段过度使用化肥农药带来的土地肥力下降和农产品农药残留

超标等不足，还能生产优质农产品实现溢价，提高农民收益。因此，为落实"藏粮于地、藏粮于技"的发展战略，应注重水稻产地环境和生产方式的绿色化，也是实现产中、产后各环节绿色化的基础。

（二）机械化

随着农业科技的不断发展，机械化种植也越来越普遍。在全球范围内，很多国家都在积极推进农业机械化，尤其是中国和印度等农业大国更注重农业的机械化。目前，水稻的机械化种植技术已经取得了很多突破性进展，如遥感技术和水稻生育期机器识别技术，各国都在积极推广基于机器视觉和物联网的水稻种植和监管平台，以实现水稻生产全过程的监测和智能化管理。此外，还有很多机器化种植方案正在研发当中，如水稻自动插秧机器人和水稻智能收割机器人等。

综合来看，随着科技的不断进步和农村劳动力的短缺，机械化水稻种植技术的发展前景广阔。尽管当前仍存在着很多技术难点，但相信这些问题都会在科技发展中得到妥善解决，水稻的机械化种植将迎来更加光明的未来。

（三）精准化

农业生产方式的精准化是推动现代农业发展的必然要求，是农业科技创新的重要体现，是满足农业劳动力老龄化、生产规模化的现实需求。在农业生产过程中，精准施肥施药可以减少农业面源污染，维护公众健康和提高农产品竞争力。当前，水稻生产经营方式正由粗放式向精准化发展，出现了机插秧同步侧深施肥、植保无人机施药以及数字化管理技术等精准化施肥施药。例如，伴随机插秧同步侧深施肥技术的示范推广，水稻施肥次数减少、用肥量降低，实现了一次轻简施肥、全程精准供肥。尤其在"互联网＋"、农业大数据的背景下，水稻产业发展更趋于精准化。精准化是指运用现代化技术实现化肥农药适量精准投入，同时达到保护生态环境的目的。水稻生产方式的精准化，可以在一定程度上减缓农村劳动力不足的压力，提高施肥施药效果和保障农民健康。

因此，应积极促进精准化生产技术的推广。作为一种新事物，精准化生产技术的示范及成效，主要和稻农认知水平及接受能力有很大关系。当然，也离不开政府、企业、合作社等相关利益主体以不同角色的积极参与。

（四）多元化

插秧、割谷是水稻生产的重要环节。目前，我国水稻生产已经开始从单纯的产粮向生产、加工，乃至生态服务、旅游、观光扩展，一二三产业趋向融合。农民不仅能从种植水稻中挣钱，还能从稻田旅游、体验农场、科普教育中获得收入。例如，湖北省黄冈市黄梅县大河镇的袁夫稻田农场，在不改变土地用途的前提下，将水稻生产与旅游文化对接，在800多亩（1亩≈667m²）生态水稻种植基地，打造稻田画、稻田文化体验区、"稻梦空间"西式茶歇区等农旅体验主题项目，形成了集生态种植、大米生产、观光游览、自然教育、火车餐饮、度假民宿等为一体的休闲农业，成为一个围绕山、水、人、田做文章的新型农场，年游客量20余万人，收入数千万元，不仅让数百亩高品质稻米溢价畅销，也带动了整个区域的发展。未来，围绕水稻生产进行三产融合，可以盘活土地，富裕农民，同时建设美丽乡村，实现多元并举。

（五）组织化

企业、合作社等新型经营主体在水稻产业发展中处于关键地位，既是水稻产业绿色发展的主要实施者，也是连接农户与市场的重要纽带。当前，农户获取资金能力有限，基层技术推广服务不健全。为满足消费市场需求和实现农业高质量发展的目标，新型经营主体要主动发挥绿色生产技术推广示范作用。

一是通过自身绿色生产技术效果的溢出效应，扩散绿色生产技术，加大周围农户对绿色技术的认知程度和采纳度；二是利用企业或合作社等新型经营主体和农户之间的利益关系，例如，以订单为联结的纵向协作、横向合作等紧密型产业组织模式，通过提供产前、产中、产后等不同服务参与农户的生产行为，积极引导农户进行绿色生产。

受资金不足、信息技术获取能力低等因素的影响，当前稻农绿色生产实施程度并不高。以农业产业组织培育和模式创新发展为契机，以绿色化为导向，对传统农业生产方式进行改造，为紧密型产业组织模式稳定发展提供支撑，全面提升农产品质量安全，拓展水稻生产的发展空间。以"中国梦"为主题的稻田画见图 1-1。

图 1-1　以"中国梦"为主题的稻田画

第二章　水稻品种

　　水稻一生要经历种子萌发、秧苗生长、植株分蘖、植株孕穗、抽穗开花、结实灌浆、籽粒成熟和种子收获等一些环节。在不同水稻品种间，植株在这些环节的特征会存在较大的差异。一般情况下，根据播种季节、粒形和米质、留种方式、生存周期、栽培方式、耐盐碱性等，可对已有的水稻品种进行分类和汇总（图2-1）。

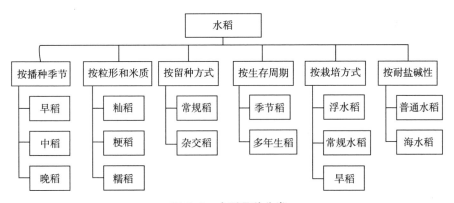

图2-1　水稻品种分类

　　进行水稻种植时，选用优质、高产、抗性优的品种，是获得水稻高产的前提。一般而言，栽培技术可以决定水稻是否能够达到产量上限，而品种则决定了水稻的产量上限。选用品种要根据当地的生态气候条件、品种生育期、品种的产量表现、病虫害抗性、米质等多个维度进行综合考察，然后匹配契合的栽培技术措施来进行水稻生产。因此，加强超高产品种选育，为水稻生产提供更多的选择是实现水稻可持续生产的必要条件。

一、主导品种

水稻品种总体可分为常规水稻和杂交水稻两大类，在水稻杂交技术快速发展的带动下，水稻主导品种变化较快。一般来说，年推广面积超过 0.67 万 hm² 的水稻品种为主要品种，超过 6.67 万 hm² 的为主栽品种，单年推广面积达到 33.33 万 hm² 且连续 5 年推广总面积达到 80 万 hm² 的为主导品种。水稻主导品种的更替主要与品种抗病害能力、综合性状等有关，随着主导品种的更替，其适应性、稳产性已经得到大幅度提升。

根据农业农村部每年发布的农业主导品种清单，可以发现主导品种在年际间存在略微差异。2022 年，全国的水稻主导品种一共有 29 个，分别为：龙粳 31、中嘉早 17、川优 6203、南粳 9108、晶两优 534、晶两优华占、吉粳 816、金粳 818、野香优莉丝、绥粳 18、荃优 822、辽粳 419、万象优 982、甬优 1540、荃两优丝苗、南粳 5055、黄华占、旱优 73、荃优丝苗、晶两优 1212、晶两优 1377、中浙优 8 号、荃优华占、隆两优 534、隆两优华占、中早 39、多年生稻 23、川康优 2115、南粳盐 1 号。2023 年，全国的水稻主导品种则只 20 个，分别为：绥粳 27、龙粳 31、中嘉早 17、晶两优华占、野香优莉丝、荃优 822、宜香优 2115、中早 39、甬优 1540、南粳 9108、宁香粳 9 号、荃两优丝苗、川优 6203、南粳 5718、昌两优 8 号、吉粳 816、Y 两优 911、金稻 818、美香占 2 号、节优 804。

现将龙粳 31、中嘉早 17、川优 6203、南粳 9108、晶两优华占、野香优莉丝、荃优 822、甬优 1540、荃两优丝苗、中早 39 和节优 804 这 11 个成熟主推品种的特征特性进行简要介绍。

（一）龙粳 31

1. 选育单位

黑龙江省农业科学院佳木斯水稻研究所、黑龙江省龙粳高科有限责任公司。

2. 品种来源

以龙花 96-1513 为母本，垦稻 8 号为父本，接种其 F_1 花药离体培养，后经系谱方法选育而成。

3. 特征特性

粳稻品种。主茎 11 片叶，株高 92cm 左右，穗长 15.7cm 左右，每穗粒数 86 粒左右，千粒重 26.3g 左右。品质分析结果：出糙率 81.1%～81.2%，整精米率 71.6%～71.8%，平白粒米率 0～2.0%，垩白度 0～0.1%，直链淀粉含量（干基）16.89%～17.43%，胶稠度 70.5～71.0mm，食味品质 79～82 分。接种鉴定结果：叶瘟 3～5 级，穗颈瘟 1～5 级；耐冷性鉴定结果：处理空壳率 11.39%～14.1%。在适应区出苗至成熟生育日数 130d 左右，需 ≥ 10℃ 活动积温 2 350℃左右。

4. 产量表现

2008—2009 年区域试验平均公顷产量 8 165.4kg，较对照品种空育 131 增产 5.7%；2010 年生产试验平均公顷产量 9 139.8kg，较对照品种空育 131 增产 12.6%。

5. 栽培技术要点

4 月 15—25 日播种，5 月 15—25 日插秧。插秧规格为 30cm×13.3cm 左右，每穴 3～4 株。中等肥力地块公顷施尿素 200～250kg，二铵 100kg，硫酸钾 100～150kg。花达水插秧，湿润灌溉。成熟后及时收获。分蘖期浅水灌溉，分蘖末期晒田，减少后期草害的发生。

6. 注意事项

注意氮、磷、钾肥配合施用，及时预防和控制病、虫、草害的发生。适应区域：黑龙江省第三积温带上限。

（二）中嘉早 17

1. 品种来源

中国水稻研究所、嘉兴市农业科学研究院用中选 181 作母本，嘉育 253 作父本杂交，经系谱法选择育成的常规早稻品种。

2. 品质产量

2010—2011 年参加湖北省早稻品种区域试验，米质经农业部食品质量监督检验测试中心（武汉）测定，出糙率 81.4%，整精米率 64.4%，垩白粒率 96%，垩白度 15.3%，直链淀粉含量 25.4%，胶稠度 57mm，长宽比 2.3。两年区域试验平均亩产 481.61kg，比对照两优 287 增产 6.24%。其中：2010 年亩产 465.19kg，比两优 287 增产 4.94%；2011 年亩产 498.03kg，比两优 287 增产 7.49%。

3. 特征特性

属中熟偏迟籼型早稻品种。株型适中，分蘖力中等，茎秆粗壮，部分茎节有外露现象。叶色深绿，剑叶中长、较宽、斜挺。穗层较整齐，穗型较大，穗颈较短，着粒较密。谷粒椭圆形，稃尖无色，部分有短顶芒。苗期耐寒性一般。区域试验中亩有效穗 20.3 万穗，株高 85.5cm，穗长 18.7cm，每穗总粒数 119.4 粒，实粒数 99.2 粒，结实率 83.1%，千粒重 25.8g。全生育期 114.3d，与两优 287 相同。抗病性鉴定稻瘟病综合指数 5.1，穗瘟损失率最高级 9 级；白叶枯病 9 级；高感稻瘟病和白叶枯病。

4. 栽培要点

①适时播种，培育壮秧。3 月下旬播种，地膜育秧。大田亩用种量 3.5～4kg，秧龄不超过 30d，苗期注意防止低温冷害。

②合理密植。亩插 2.0 万～2.5 万穴，基本苗 10 万株左右。

③科学肥水管理。一般亩施纯氮 10～12kg，氮磷钾比例为 1∶0.5∶1。亩苗数达到 24 万株左右晒田控苗，后期严格控制氮肥，以防贪青倒伏。

④注意防治病虫害。重点防治稻瘟病、纹枯病和螟虫、稻飞虱等病虫害。

5. 适宜范围

熟期适中，产量高，高感稻瘟病，感白叶枯病，高感褐飞虱，感白背飞虱，米质一般。适宜在稻瘟病和白叶枯病轻发的江西、湖南、安徽、浙江的双季稻区作早稻种植。

（三）川优 6203

1. 品种来源

四川省农业科学院作物研究所用不育系川 106A 与恢复系成恢 3203 配组育成的三系杂交中稻品种。2014 年通过湖北省农作物品种审定委员会审定，品种审定编号为鄂审稻 2014007。

2. 品质产量

2012—2013 年参加湖北省中稻品种区域试验，米质经农业部食品质量监督检验测试中心（武汉）测定，出糙率79.3%，整精米率53.6%，垩白粒率43%，垩白度3.7%，直链淀粉含量14.9%，胶稠度83mm，长宽比3.9。两年区域试验平均亩产633.88kg，比对照Q优6号增产6.33%。其中2012年亩产641.52kg，比Q优6号两年增产5.37%；2013年亩产626.23kg，比Q优6号增产7.33%。

3. 特征特性

属中熟籼型中稻品种。株型较紧凑，高适中，分力中等，抗倒性较差。叶色绿，剑叶较宽、略披。穗层整齐，长穗型着粒较稀。谷粒细长，稃尖无色，有短芒。区域试验中亩有效穗17.6万穗，株高122.9cm，穗长26.7cm，每穗总粒数165.8粒，每穗实粒数140.5粒，结实率84.8%，千粒重28.35g。全生育期131.8d，比Q优6号短1.9d。抗病性鉴定为稻瘟病综合指数2.4，穗瘟损失率量高级5级；白叶枯病7级；中感稻瘟病，感白叶枯病。

4. 栽培要点

①适时播种，培育壮秧。鄂北4月中旬播种，鄂中、鄂东等地4月底至5月初播种。大田亩用种量0.8kg，播种前用咪鲜胺浸种。秧苗2叶1心期适量喷施多效唑，以培育带蘖壮秧。

②及时移栽，插足基本苗。秧龄30～35d。大田株行距13.3cm×30.0cm或16.7～26.7cm，亩插基本苗8万左右。

③科学管理肥水。该品种对氮肥较敏感，一般亩施纯氮8kg、五氧化二磷5～6kg、氧化钾12～14kg，早施追肥，少施或不施穗肥，后期不宜施氮肥，适当施磷钾肥，以提高抗倒性。亩苗数达到15万左右分多次晒田，苗好重晒，苗差轻晒，中后期田间干湿交替，成熟时不宜断水过早。

④病虫害防治。注意防治纹枯病、稻曲病、稻瘟病和螟虫、稻飞虱等病虫害。

5. 适宜范围

适宜云南、贵州（武陵山区除外）的中低海拔籼稻区、重庆（武陵山区除外）1000m以下籼稻区、四川平坝丘陵稻区、陕西南部稻区作一季中稻种植。不宜在高肥水条件下种植。

（四）南粳 9108

1. 来源与类型

原名宁 9108，由江苏省农业科学院粮食作物研究所以武香粳 14 号 / 关东 194 杂交，于 2009 年育成，属迟熟中粳稻品种。

2. 适应范围

适宜江苏省苏中及宁镇扬丘陵地区种植。

3. 产量水平及特征特性

2011—2012 年参加江苏省区试，两年区试平均亩产 644.2kg，2011 年较对照淮稻 9 号增产 5.2%，增产达极显著水平，2012 年较对照淮稻 9 号增产 3.2%，较对照镇稻 14 增产 0.1%，2012 年生产试验平均亩产 652.1kg，较对照淮稻 9 号增产 7.3%。

株型较紧凑，长势较旺，分蘖力较强，叶色淡绿，叶姿较挺，抗倒性较强，后期熟相好。省区试平均结果：每亩有效穗 21.2 万穗，穗实粒数 125.5 粒，结实率 94.2%，千粒重 26.4g，株高 96.4cm，全生育期 153d，较对照早熟 1d；接种鉴定：感穗颈瘟，中感白叶枯病、高感纹枯病，抗条纹叶枯病；米质理化指标根据农业部食品质量检测中心 2012 年检测：整精米率 71.4%，垩白粒率 10.0%，垩白度 3.1%，胶稠度 90mm，直链淀粉含量 14.5%，属半糯类型，为优质食味品种。

4. 栽培技术要点

①适时播种，培育壮秧。一般 5 月上中旬播种，机插育秧 5 月下旬播种。每亩净秧板播量 20kg 左右，旱育秧每亩净秧板播量 40 ～ 50kg，塑盘育秧每盘 100 ～ 120g，每亩大田用种量 3 ～ 4kg。

②适时移栽，合理密植。移栽稻秧龄控制在 30d 左右，机插稻秧龄控制在 18 ～ 20d，亩栽 1.6 万 ～ 1.8 万穴，每亩茎蘖苗 7 万 ～ 8 万株。

③科学肥水管理。一般亩施纯氮 16 ～ 18kg，肥料运筹上掌握"前重、中稳、后补"的原则，基蘖肥、穗肥比例以 7∶3 为宜，为保持其优良食味品质，宜少施氮肥，注重磷钾肥的配合施用，多施有机肥，特别是后期尽量不施氮肥，施好促花肥、保花肥。前期薄水勤灌促进早发，中期干湿交替强秆壮根，后期湿润灌溉活熟到老，收获前 7 ～ 10d 断水，切忌断水过早。

④病虫草害防治。播种前用药剂浸种预防恶苗病和干尖线虫病等种传病害，秋田期和大田期注意灰飞虱、稻蓟马等的防治，中后期要综合防治纹枯病、螟虫、稻纵卷叶螟、稻飞虱等，特别要注意黑条矮缩病、穗颈稻瘟病和纹枯病的防治。

（五）晶两优华占

1. 育种者

袁隆平农业高科技股份有限公司、中国水稻研究所、湖南亚华种业科学研究院。

2. 品种来源

晶 4155S×华占。

3. 特征特性

籼型两系杂交水稻品种。在长江中下游作一季中稻种植，全生育期 138.5d，比丰两优四号长 1.2d。每亩有效穗数 15.8 万穗，株高 115.5cm，穗长 25.2cm，每穗总粒数 200.4 粒，结实率 85.5%，千粒重 22.8g。抗性：稻瘟病综合指数两年分别为 2.1、2.7，穗瘟损失率最高级 3 级；白叶枯病 7 级；褐飞虱 7 级；中抗稻瘟病，感白叶枯病，感褐飞虱。米质主要指标：整精米率 66.4%，长宽比 3.1，垩白粒率 13%，垩白度 3.0%，胶稠度 81mm，直链淀粉含量 14.1%。

在武陵山区作中稻种植全生育期 150.0d，比对照 II 优 264（CK）长 0.2d。株高 109.8cm，穗长 24.9cm，每亩有效穗数 16.6 万穗，每穗总粒数 202.1 粒，结实率 84.0%，千粒重 24.2g。抗性：稻瘟病综合指数年度分别为 1.8、1.6，穗瘟损失率最高级 1 级，抗稻瘟病。耐冷。米质主要指标：整精米率 65.3%，长宽比 3.1，垩白粒率 12%，垩白度 2.9%，胶稠度 79mm，直链淀粉含量 15.0%，达到国家"优质稻谷"标准 3 级。产量表现：2014 年参加长江中下游中籼迟熟组绿色通道区域试验，平均亩产 677.8kg，比丰两优四号增产 8.0%；2015 年续试，748.4kg，比丰两优四号增产 3.9% 两年区试平均亩产 713.1kg，比丰两优四号增产 5.9%。2016 年生产试验，亩产 603.0kg，比丰两优四号增产 11.4%。2014 年参加武陵山区中籼组区域试验，平均亩产 580.55kg，比对照 II 优 264 增产 5.90%，比组平均增产 2.82%；2015 年续试，平均亩产

657.7kg，比Ⅱ优264增产5.27%，比组平均增产1.84%；两年区域试验平均亩产619.16kg，比Ⅱ优264增产5.56%，增产点比例80.0%，2016年生产试验，平均亩产578.40kg，比Ⅱ优264增产5.68%。

4. 栽培技术要点

长江中下游作中稻种植。

①适时播种，秧田亩用种量8～10kg，大田亩用种量0.75kg，稀播匀播，培育分蘖壮秧。

②移栽秧龄控制在30d左右，栽插株行距20cm×26.6cm，每穴栽插2粒谷苗。

③需肥水平中等，采取重施底肥，早施分蘖肥，后期看苗补施穗肥的施肥方法。注意氮、磷、钾肥合理搭配，忌中后期偏施氮肥。一般亩施45%水稻专用复合肥25～30kg作底肥，插秧后5～7d结合施除草剂亩追施尿素7～10kg，幼穗分化3～4期氯化钾7.5kg。前期浅水促分蘖，够苗及时落水晒田，后期以湿为主，忌脱水过早。

④浸种时坚持强氯精消毒。秧田期注意施药防治稻飞虱以预防南方黑条矮缩病；大田搞好稻曲病、纹枯病、白叶枯病、南方黑条矮缩病、螟虫、稻飞虱等病虫害的防治。

5. 审定意见

该品种符合国家稻品种审定标准，通过审定。适宜在江西、湖南（武陵山区除外）、湖北（武陵山区除外）、安徽、浙江、江苏的长江流域稻区以及福建北部、河南南部的稻瘟病轻发区作一季中稻种植。适宜贵州、湖南、湖北、重庆四省（市）所辖的武陵山区海拔800m以下稻区作一季中稻种植。

（六）野香优莉丝

1. 选育单位

广西绿海种业有限公司。

2. 品种来源

野香A×R莉丝（泰国茉莉香占/田东香/五山丝苗）。

3. 特征特性

感温籼型三系杂交水稻品种。在桂中种植，早稻期125.0d，与对照天优华占相当；晚稻全生育期 113.5d，比对照天优华占长 0.7d。在桂南种植，早稻全生育期 120.8d，比对照特优 582 短 0.6d；晚稻全生育期 113d，比丰田优 553 短 0.8d。桂北一季中稻种植，全生育期 132.8d，比对照中浙优 1 号短 3.4d；高寒山区中稻种植，全生育期 135.6d，比对照中浙优 1 号短 3.6d。种子长度 9.5mm，长宽比 3.9，粒色金黄色；主茎总叶片数 15 叶左右，剑叶中等长、窄，叶鞘、叶片绿色，着粒密，颖尖秆黄色，无芒。每亩有效穗数 19.6万，株高 116.9cm，穗长 23.7cm，每穗总粒数 159.1 粒，结实率 84.6%，千粒重 23.4g。抗性：稻瘟病综合指数两年分别为 3.3、4.5，穗瘟损失率最高级 5 级；白叶枯病 9 级；中感稻瘟病、高感白枯病。米质主要指标：糙米率 77.9%，整精米率 56.5%，长宽比 3.8，垩白米率 1%，垩白度 0.1%，透明度 1 级，碱消值 6.2 级，胶稠度 82mm，直链淀粉含量 13.2%，达到农业部《食用稻品种品质》标准三级。

4. 产量表现

根据联合体试验资料，2015 年参加晚稻中迟熟组区域试验，平均亩产 582.3kg，比对照天优华占增产 6.56%；2016 年续试，平均亩产 581.3kg，比对照天优华占增产 9.80%；两年区域试验平均亩产 581.8kg，比对照天优华占增产 8.18%。2016 年生产试验，桂中晚稻平均亩产 567.9kg，比对照天优华占增产 4.68%；桂南早稻平均亩产 523.3kg，比对照特优 582 增产 2.6%。

5. 栽培要点

①播种期：桂南早稻 3 月 10 日前，晚稻 7 月 10 日前，桂中早稻 3 月 15 日前，晚稻 7 月 5 日前。

②每亩大田用种量 1.25 ～ 1.5kg，早稻秧龄 30d 左右，晚稻秧龄不超过 25d。

③合理密植：插植规格 6 寸 ×4 寸或 6 寸 ×5 寸（1 寸 ≈3.33cm）；如用秧每亩大田秧盘 45 ～ 50 只，4 ～ 4.5 叶时抛秧。

④肥水管理：施足基肥，早施分蘖肥，增施磷、钾肥，注意稻瘟病、白叶枯病等病虫害的防治。后期控制氮肥；浅水移栽，浅水分蘖，够苗晒田，干干湿湿到黄熟。

该品种可在广西中部稻作区作早稻、晚稻，桂北和高寒山区、海拔 800m 以下地区作中稻或一季稻种植；江西、四川、重庆、广东、湖南等稻瘟病轻发区种植。

（七）荃优 822

1. 育种者

安徽荃银高科种业股份有限公司、安徽省皖农种业有限公司。

2. 品种来源

荃 9311A×YR0822。

3. 特征特性

籼型三系杂交水稻品种。在华南作双季晚稻种植，全生期 117.8d，比对照博优 998 长 2d。株高 103.4cm，穗长 23.7cm，每亩有效穗数 16.0 万穗，每穗总粒数 147.5 粒，结实率 80.0%，千粒重 27.5g。抗性：稻瘟病综合指数两年分别为 2.3、3.6，穗颈瘟损失率最高级 3 级，白叶枯病 5 级，褐飞虱 9 级；中抗稻瘟病，中感白叶枯病，高感褐飞虱。米质主要指标：整精米率 58.2%，垩白粒率 8.0%，垩白度 2.0%，直链淀粉含量 14.9%，胶稠度 71mm，长宽比 3.2，达到农业行业《食用稻品种品质》标准二级。

4. 产量表现

2017 年参加华南感光晚籼组区域试验，平均亩产 461.47g，比对照博优 998 增产 0.19%；2018 年续试，平均亩产 464.16kg，比对照博优 998 增产 4.10%；两年区域试验平均亩产 462.92kg，比对照博优 998 增产 2.15%；2018 年生产试验，平均亩产 458.91kg，比对照博优 998 增产 5.59%。

5. 栽培技术要点

①适期播种，培育壮秧。根据当地生态条件，适时播，保证安全抽穗；稀播匀播，培育多蘖壮秧。

②适时移栽，合理密植。该品种分蘖较好，穴栽 2 粒种子苗，每亩插足基本苗 8 万～10 万穴。

③科学施肥，提高群体质量：该品种聚氮高效，不宜高肥，一般亩用纯氮 11～13kg，基肥：追肥为 6∶4，增施磷、钾肥。

④合理灌溉，适时防治病虫草害。抽穗期遇低温天气，适时灌水保温。

适宜在广东省（粤北稻作区除外）、广西桂南、海南省、福建省南部的双季稻区作晚稻种植。

（八）甬优 1540

1. 育种者

宁波市种子公司。

2. 品种来源

A15×F7540。

3. 特征特性

粳型三系杂交水稻品种。在长江中下游作单季晚稻种植，全生育期 151.0d，比对照常优 1 号短 1.2d。株高 109.6cm，穗长 21.2cm，每亩有效穗数 16.7 万穗，每穗总粒数 246.3 粒，结实率 81.3%，千粒重 23.3g。抗性：稻瘟病综合指数 5.6，穗瘟损失率最高级 9 级；白叶枯病 5 级；褐飞虱 9 级；高感稻瘟病，中感白叶枯病，高感褐飞虱。米质主要指标：整精米率 70.2%，长宽比 2.3，垩白粒率 18%，垩白度 3.0%，胶稠度 75mm，直链淀粉含量 14.3%。

4. 产量表现

2012 年参加长江中下游单季晚粳组区域试验，平均亩产 697.1kg，比对照常优 1 号增产 14.1%；2013 年续试，平均亩产 732.5kg，比常优 1 号增产 27.1%；两年区域试验平均亩产 714.8kg，比常优 1 号增产 20.4%。2014 年生产试验，平均亩产 683.7kg，比常优 1 号增产 13.3%。

5. 栽培技术要点

①一般 5 月 25 日左右播种，亩播种量 10kg，大田亩用种量 0.8 ~ 1.0kg，稀播壮秧。

②秧龄 22 ~ 25d 移栽，栽插规格（23 ~ 26）cm×26cm。

③亩施纯氮 15 ~ 17kg，氮、磷、钾比例为 1∶0.5∶1，重施基肥，增施有机肥，早施促蘖肥，施好保花肥。切忌氮肥偏施、重施、迟施，氮肥基肥、蘖肥、穗肥比例 5∶4∶1，钾肥基肥蘖肥、穗肥比例 2∶4∶4 为宜。

④浅水促蘖，孕穗至扬花结束前保持浅引，后期薄露灌溉，干干湿湿，忌断水过早。

⑤注意及时防治灰飞虱、矮缩病、螟虫、稻纵卷叶螟、纹枯病、细条病、白叶枯病、稻曲病等病虫害，特别注意防治稻瘟病。

适宜浙江、上海、江苏苏南、湖北粳稻区作单季晚稻种植，稻瘟病常发区不宜种植。

（九）荃两优丝苗

1. 育种者

安徽荃银高科种业股份有限公司、广东省农业科学院水稻研究所。

2. 品种来源

荃211S×五山丝苗。

3. 特征特性

籼型两系杂交水稻品种。在长江上游作一季中稻种植，全生育期151.3d，比对照F优498晚熟1.6d。株高111.9cm，穗长22.5cm，每亩有效穗数15.3万穗，每穗总粒数218.1粒，结实率86.3%，千粒重25.1g。抗性：稻瘟病综合指数两年分别为3.9、3.2，穗颈瘟损失率最高级5级，褐飞虱9级，中感稻瘟病，高感褐飞虱。抽穗期耐热性较强，耐冷性较强。米质主要指标：整精米率68.9%，垩白度1.0%，直链淀粉含量17.2%，胶稠度66.0mm，碱消值7级，长宽比2.9，达到农业行业《食用稻品种品质》标准一级。

4. 产量表现

2018年参加长江上游中籼迟熟组区域试验，平均亩产662.58kg，比对照F优498增产5.85%；2019年续试，平均亩产662.29kg，比对照F优498增产5.49%；两年区域试验平均亩产662.43kg，比对照F优498增产5.67%。2019年生产试验，平均亩产654.74kg，比对照F优498增产4.54%。

5. 栽培技术要点

长江上游作一季中稻种植。

①适期播种，培育壮秧：根据当地生态条件，适时早播，保证安全抽穗；稀播匀播，培育多壮秧。

②适时移栽，合理密植：该品种分蘖中等，每亩插足基本苗8万～9万穴。

③科学施肥，提高群质量：宜中肥水平，亩用纯氮13～15kg。重施基肥，早施粪肥，拔节前期增施钾肥，增强株抗逆性。

④合理灌溉，适时防治病虫草害：根据当地植保部门预报，适时做好稻

瘟病、螟虫、稻飞虱等病虫害的防治。

适宜在川省平坝丘陵稻区、贵州省（武陵山区除外）、云南省的中低海拔籼稻区、重庆市（武陵山区除外）海拔 800m 以下地区、陕西省南部稻瘟病轻发区作一季中稻种植。

（十）中早 39

1. 选育单位

中国水稻研究所。

2. 品种来源

嘉育 253/ 中组 3 号。

3. 特征特性

籼型常规水稻品种。长江中下游作双季早稻种植，全生育期平均 112.2d，比对照株两优 819 长 0.7d。每亩有效穗数 19.6 万穗，株高 82.0cm，穗长 17.6cm，每穗总粒数 125.3 粒，结实率 84.1%，千粒重 26.0g。抗性：稻瘟综合指数 1.8，穗瘟损失率最高级 5 级，白叶枯病 7 级，褐飞虱 9 级，白背飞虱 9 级，中感稻瘟病，感白叶枯病，高感褐飞虱、白背飞虱。米质主要指标：整精米率 69.1%，长宽比 1.9，垩白粒率 98%，垩白度 22.5%，胶稠度 48mm，直链淀粉含量 24.2%。

4. 产量表现

2009 年参加长江中下游早籼早中熟组区域试验，平均产 507.8kg，比对照株两优 819 增产 2.0%；2010 年续试，平均亩产 458.1kg，比株两优 819 增产 4.4%。两年区域试验平均亩产 482.9kg，比株两优 819 增产 3.1%。2011 年生产试验，平均亩产 523.7kg，比株两优 819 增产 6.1%。

5. 栽培技术要点

①塑料软盘育秧 3 月 20—25 日播种，地膜湿润育秧 3 月下旬至 4 月初播种，秧田亩播量 40kg 左右。

②亩栽插基本苗 10 万穴左右。

③需肥量中等偏上，适当增施钾肥，施足基肥，早施追肥，亩施纯氮 10 ～ 12kg，氮、磷、钾比例为 1∶0.5∶1。

④浅水分蘖，适时晒田，多露轻晒，有水抽穗，干湿壮籽，成熟收割前

4～6d断水，忌断水过早。

⑤严格种子消毒，防止恶苗病的发生；及时防治稻瘟病等病虫害。

适宜在江西、湖南、湖北、浙江省及安徽省长江以南白叶枯病轻发区的双季稻区作早稻种植。

（十一）节优804

1. 品种介绍

节优804是一个水稻品种，株型适中，植株较高，分蘖力较强，生长势旺。剑叶挺直。穗层整齐，中穗型，稃尖无色、无芒。

2. 特征特性

区域试验中株高121.0cm，亩有效穗20.3万，穗长24.9cm，每穗总粒数175.1粒，每穗实粒数149.3粒，结实率85.3%，千粒重26.14g，全生育期113.9天，比旱优73长1.3天。病害鉴定为稻瘟病综合指数3.0，稻瘟损失率最高级3级，中抗稻瘟病；白叶枯病9级，高感白叶枯病；纹枯病7级，中感纹枯病。耐热性5级，耐冷性3级。耐旱性鉴定为中抗。米质经农业农村部食品质量监督检验测试中心（武汉）测定，出糙率78.8%，整精米率58.7%，垩白粒率22%，垩白度6.0%，直链淀粉含量20.9%，胶稠度30mm，碱消值6.3级，透明度1级，长宽比3.1。

3. 产量表现

2018—2019年参加湖北种业创新测试联合体节水耐旱稻组区域试验，两年区域试验平均亩产634.31kg，比对照旱优73增产3.35%。其中：2018年亩产630.77kg，比旱优73增产2.77%；2019年亩产637.84kg，比旱优73增产3.92%。

4. 栽培技术要点

①适时播种。5月10—15日播种，秧田亩播种量12.5kg，大田亩用种量1.0kg，播种前用咪鲜胺浸种。

②及时移栽，合理密植。秧龄25天以内，株行距16.7cm×20.0cm，每穴插2粒谷苗，亩基本苗8万左右。

③科学管理肥水。一般亩施纯氮15kg，氮磷钾比例为1:0.5:0.9。浅水插秧，寸水返青，薄水促蘖，够苗晒田，后期干湿交替，成熟前一周断水。

④病虫害防治。重点防治白叶枯病，注意防治纹枯病、稻瘟病、稻曲病和螟虫、稻飞虱等病虫害。

二、超级稻品种

1996年，农业部启动"中国超级稻育种计划"，并于2005年开始实施超级稻新品种选育与示范推广项目。20年间，超级稻一次次刷新水稻高产纪录，为保障我国粮食安全作出了重大贡献。

超级稻品种是指利用特别的技术路线等途径育成的水稻新品种，它比一般的水稻品种在产量上有大幅提高，并兼顾品质与抗性。要成为超级稻品种，有一套严格的程序，首先是经过审定的水稻品种经过百亩方实收测产，其次农业部组织专家进行评审，达到了《超级稻品种确认办法》中规定的产量、品质、抗性等各项指标，最后经农业部发布后，才能称为超级稻。

超级稻品种既包括籼稻，也包括粳稻；既包括常规稻，也包括杂交稻。只要满足超级稻评审的各项要求，各种水稻类型都不排斥。我国现有的超级稻中，常规稻占45%，杂交稻占55%。根据《超级稻品种确认办法》，经各地推荐和专家评审，现确认龙粳3010、龙粳3013、泗稻301、宁香粳9号、浙粳优77、中组53、舜达135、中组18、玮两优8612、玮两优7713、隆两优8612、青香优19香、品香优美珍、品香优桐珍、川康优丝苗和泰优808这16个品种为2023年度超级稻品种。已被认定为超级稻的品种见表2-1。

超级稻计划助推我国水稻生产的单产水平稳步提升，不仅夯实了国家粮食安全的基石，也为农业供给侧结构性改革提供了空间。事实上，近年来中国超级稻已经开始转型升级，由单纯追求高产转向追求高产、高效、优质、绿色并重，尤其是农业农村部启动了"双增一百"科技行动后，通过节本增效，超级稻帮助农民亩均增收近150元。而伴随着农业供给侧结构性改革和乡村振兴战略的推进，优质高产高效的超级稻也在绿色发展的道路上越走越快。

绿色高效低成本，并形成产业链，这是超级稻转型所必须遵循的方向。中国工程院院士、扬州大学教授张洪程向记者表示，未来超级稻的品种和配套技术都要考虑到能否改善稻田的环境，要为人们创造环境友好的水稻生态，这是新时代提出的新要求。与此同时，超级稻发展还要考虑适应未来轻简化生产方式的需要。

表2-1　超级稻品种清单

类型	品种
常规籼稻	中组 143、舜达 135、华航 31 号、金农丝苗、中嘉早 17、玉香油占等
常规粳稻	北粳 1705、龙粳 3010、宁香粳 9 号、盐粳 15 号、南粳 3908、宁粳 7 号、龙粳 39、镇稻 11、连粳 7 号、吉粳 88 等
籼粳交	嘉禾优 5 号、嘉优中科 13、甬优 7850、甬优 1540、甬优 2640、甬优 538、浙优 18 等
籼型两系	玮两优 8612、隆两优 8612、晶两优 1988、深两优 862、隆两优 1377、晶两优 1212、晶两优华占、隆两优华占、徽两优 996、Y 两优 5867、深两优 5814、扬两优 6 号、丰两优香 1 号、丰两优 4 号、两优 287 等
籼型三系	品香优美珍、川康优丝苗、荃优 212、华浙优 71、吉优航 1573、华浙优 1 号、五优 369、吉优 615、五优 116、天优华占、深优 9516、五优 308、珞优 8 号、中浙优 1 号、天优 998 等
粳型三系	浙粳优 77、辽优 1052 等

三、特用品种

水稻品种的选择过程中，要根据生态区进行选择适合熟期，适应当地气温与病虫害的品种，如粳稻中熟中粳适合沿淮一带，晚粳适合长江以南，在稻瘟病区要强调抗稻瘟性等。另外，为满足人民对于生活品质日益提升的需要以及匹配特定环境的种植要求，还需要培育和选择其他特用品种，如糯稻、软米、黑米、节水抗旱稻、耐盐碱稻、功能性稻等专用类型品种，这些品种具有特定遗传性状和特殊用途。

特种稻米与普通稻米相比，含有更丰富的蛋白质、氨基酸、植物脂肪、矿物质元素和维生素等营养成分。此外，特种稻米还含有膳食纤维、不饱和脂肪酸、类黄酮等生理活性物质，并具有一定的生理调节功能。比如，功能性水稻就是一类具有特殊活性成分的水稻。富含花青素、原花青素的有色稻；谷蛋白含量低，适宜肾病患者食用的低谷蛋白水稻；富含抗性淀粉，具有稳定餐后血糖的低 GI 水稻；富含特种维生素、有益微量元素的富微营养水稻等。人体食用后可改善生理代谢、增进健康等多种功能。

常见的功能性水稻有降糖稻 1 号、优糖稻 3 号、宜糖米 1 号、功米 3 号、优糖稻 2 号等，这些品种生产的稻米含有高抗性淀粉，它们的抗性淀粉含量是普通大米的 10 ～ 20 倍，适合糖尿病患者食用。常见的耐盐碱的水稻品种有爽两优 138；常见的糯米品种有上农黑糯、上农香糯等；常见的节水抗旱稻有上海基因中心的旱优 73，湖北省黄冈市农业科学院的节优 804 等等，常见的紫色稻米品种有华中农业大学培育的华墨香 5 号；而宁波的黄叶稻、海南的闷加黑丝则分别是黄绿色水稻、紫色水稻的典型代表（图 2-2）。

常规绿色水稻　　黄绿色水稻　　紫色水稻　　　　　　　　紫色稻米

图 2-2　不同颜色的水稻

四、水稻种业未来的发展方向

目前，我国水稻种子的自主率达 100%。我国水稻种业发展时间较长，经历了第一次"绿色革命"、核质互作雄性不育系的培育和水稻三系杂种优势利用、光温敏雄性核不育系的培育和水稻两系杂种优势利用、理想株型育种、籼粳亚种间杂种优势的利用与第二次"绿色革命"理念及绿色超级稻品种选育几个时期。当前，我国的水稻种子市场一方面杂交稻改种常规趋势明显，另一方面优势种子企业逐渐占据垄断地位，对优质资源的控制力越来越强。

近年来，全球能源危机加剧，一些主要粮食出口国将玉米、大豆等粮食转化为生物柴油，减少了全球粮食供应量，世界粮食安全压力倍增。在维持总播种面积不变的条件下，提高单产或为我国水稻育种的主攻方向。另外，随着人民生活水平的提高，对水稻品质提出了更高的要求，水稻育种不仅要高产、稳产，生产的稻米还要好看、好吃、吃得安全，这对育种工作者也提出了新要求。

从种质资源发展来看，要建立高效的水稻基因型与表型的精准鉴定平台与鉴定规程，精准鉴定包括含有高产、优质、抗病虫、抗逆、养分高效利用以及适宜机械化制种与生产等优异新种质；创制一批集高产、优质、多抗、广适性，重金属低积累，水肥高效利用于一体的新种质，包括不育系、恢复系等，为培育绿色、优质、安全、轻简、高效水稻新品种提供强有力的基因资源与材料支持。

在上述基础上充分利用分子标记辅助选择、基因编辑、全基因组选择等分子生物学最新的科研成果精准鉴定、选种质资源，进一步聚合优质、高产、多抗、资源高效、适应性广、早熟、耐寒、抗病等优良性状，创制育种新材料，培育具有优质、高产、多抗、广适、少施肥、少打药、耐瘠薄的绿色轻简化突破性水稻新品种。

第三章　水稻基本栽培技术

从水稻单产提高贡献因素看，一是水稻品种改良贡献。品种株型、抗病虫性、耐肥抗倒性、农艺性状及适应性改良，单产潜力提高。二是水稻栽培技术创新贡献。包括育秧技术、种植方式、群体调控、肥水管理、病虫草害及灾害防控及机械化装备等改进。三是水稻生产农资保障共享。化肥、农药、调节剂、农膜及机械装备等的进步，应用效果和效率提高。四是农业政策的支撑，大幅提高种粮积极性和生产效益。近 10 年来，随着种植结构的调整、区域性灾害的频发、种稻农民的变化，水稻种植面临巨大的挑战，栽培技术的创新对水稻面积和单产的稳定作用尤为突出。水稻生产中，主要涉及整地、施肥、灌溉、种子处理等基本的栽培环节，下面将围绕以上几点对技术进行归类和介绍，以明确水稻基本栽培技术今后的发展方向。

一、整　地

稻田耕作环节是水稻生产"耕、种、收、管"主要环节的首道环节。在水稻机械插秧环节中，整地质量是影响水稻机械插秧作业质量的重要因素。水稻机械化整地技术及机具的合理选择与应用是水稻生产全程机械化技术体系中较关键的环节。水田整地采用翻地和旋耕相结合的耕作方法，提倡采用大型拖拉机配套铧式犁或圆盘犁进行秋翻耕，耕翻深度 20 ～ 25cm，春季水田整地采用水田犁或旋耕机进行旱耕或湿润耕作，耕深 14 ～ 18cm，要求深浅一致，耕作与秸秆还田相结合，有条件地区提倡采用保护性耕作技术。

机械插秧前放水泡田，采用旋耕打浆平地机、水田耙等耙地机具平整田面（图 3-1）。稻田打浆整平后需沉淀，一般沙壤土田地沉淀 1 ～ 2d，黏土田地沉淀 3 ～ 5d，泥脚深度 ≤ 30cm，田面水层保持 2 ～ 3cm。水稻机械插秧前整地质量要求做到平整、洁净、细碎、沉实。耕整深度均匀一致，田块平整，地表高低落差 ≤ 3cm；田面洁净，无残茬、无杂草、无杂物、无浮渣等；整地后的泥浆层达到上糊下实、泥水分层且不板结，插秧机作业时不壅泥、不陷车。

然而，传统的稻田耕作主要采用传统的旋耕（铧犁）、犁翻和水田驱动耙耙地等进行耕翻和平整，进行农作物秸秆还田时，需使用旋耕机耕翻3次，水田耙耙田时，由于需要田间高水位（10～15cm），会导致田烂、地表秸秆多和地表不平整问题，而且还存在耕作次数多、灭茬效果差等缺陷，在应用和推广农作物秸秆机械化还田、水稻机械化穴直播等技术后，上述问题日益突出，无法满足水稻机械化种植对大田条件的要求。

图 3-1　水田耕整

（一）稻田机械化耕整新技术

针对传统机械耕田、耙田存在的问题，提出稻田机械化耕整新技术，既使用传统的旋耕机（铧犁），又使用反转浅耕灭茬机、水田埋茬平整机，以期满足水稻机械化种植对大田条件的要求。在秸秆全量还田情况下，耕作技术路线由传统的三耕一耙转变成二耕一耙，实行"旋耕机头耕→反旋转浅耕灭茬湿耕→平整埋茬机平整埋茬作业"为主要耕作方式的技术路线，形成了与农艺相融合的机械化耕作新技术。

稻田机械化耕整新技术包括旋耕作业（头耕）、反转浅耕灭茬机作业（二耕）和平整埋茬作业。水稻机械化整地技术是通过机械将水田地块进行耕翻、平整，以利于水稻机械化播种、插秧的作业技术。整地是水稻移栽的基础，其质量好坏直接影响插秧质量。水稻机械化整地技术，能保证水田碎土效果及耕后田面的平整度，具有省工、省水、节本增效等作用。为此，应根据水稻产区的种植方式、生产规模、农艺要求及经济条件等具体情况，合理选择使用水稻机械化整地技术和配套机具，按水田整地质量要求，高质量地完成水田整地作业环节，满足机械化插秧作业对整地的要求及秧苗生长的农艺要求。

目前为提高整地质量，当前出现了卫星平地机等新型的整地机器。其原理是由发射器发出光束，形成这片土地的基准平面，接收器安装在铲运部分的伸缩杆上，接收器检测到信号后，不断向控制箱发送信号。控制箱接收到信号后，进行修正，修正后的信号控制液压阀，改变液压油输送到缸的流向和流量，自动控制刮刀的高度。该机器具有以下优点：一是提高耕作效率，卫星平地机采用全球卫星定位系统实现精准作业，与传统农具相比，可以大大提高作业效率。它能够在不浪费时间的情况下完成更多的工作，降低耕作时间和人力成本；二是减少人力劳动，卫星平地机通过自主导航技术，可以实现无人操作，减少了人力的投入，它能够减轻劳动者的劳动强度，为农业生产带来更多的便利；三是提高作业质量，卫星平地机能够精准测量土地的高低差异，根据实际情况调整作业深度，避免了由于深度不均匀导致的作物死亡和生长不良等问题，同时，卫星平地机能够均匀地撒种子、施肥等，使得作物的生长更为健康；四是降低成本，卫星平地机可以精确计算土地表面的高低差异，避免了重复作业，使农业生产的成本得到了有效的降低。此外，卫星平地机的耐用性高，使用寿命长，可以减少设备更新的频率，进一步降低成本。

（二）旱耕水耙作业模式

水田整地从时间上可分为秋翻地和春整地，从方法上可分旱整地（旱耕水耙）和水整地（水耕水耙）。水田旱耕水耙作业模式是指先耕翻，然后灌水泡田、耙田、整平田面，包括翻地、旋耕、旱耢平和打浆整平等作业。该方式具有降低后期整地成本和节省泡田用水等优点。

旱耕水耙作业标准如下。

①用水田犁翻地时，做到翻到头、耕到边、不漏耕，耕翻后同一个水田地块内最大高度差不大于10cm。

②用旋耕机整地时，旋耕深度在14～18cm，可在秋季或春季用拖拉机配套旋耕机先进行旋耕整地，然后用旱耢平机耢平，耢平后土壤表面要保证有12cm厚的碎土层。

③机械插秧前灌水泡田3～5d后，用拖拉机配套旋耕打浆平地机进行搅浆平地作业，达到田面平整、清洁、无残渣，满足机械插秧对水田地块的要求。

（三）水耕水耙作业模式

水耕水耙作业模式是指在春耕季节在水田中先灌水泡田3～5d后，进行灭茬耕旋、碎土、耙田、整平田面。水耕水耙作业标准可简化为4个字"早、平、透、深"。"早"是适时抢早，保证有足够的沉淀时间；"平"是每个田块内水平面高低差≤3cm；"透"是每个田块整地后的耕深一致，利于稻苗的根系生长发育；"净"是田面清洁、无杂草、无残渣，达到机械插秧对水田地块的要求。

未来，整地机械发展趋势为向宽幅大型化、一机多能复合作业方向发展，向自动化、智能化及无人驾驶方向发展。研究"优质、高效、低耗、安全、环保"的机械化耕整方式，形成并推广先进、适用的机械耕整新技术，显著提升机械耕整田的作业质量，优化秸秆机械化还田质量，可为明显提高水稻机械穴直播、机插秧的质量，加快水稻机械化种植步伐提供基础保障，同时能够提高机械耕整效率，降低耕作成本。

二、水稻育秧技术

"秧好一半谷，苗壮产量高"。培育壮秧是这一时期的中心任务，壮秧的主要特征为出苗快、齐，叶挺不披，叶色黄绿，苗高15～20cm，苗基部扁粗有弹性，秧苗带蘖，根多色白、无黑根，无病虫危害。该技术的主要要素有以下几个方面。

（一）品种选择与播期

根据茬口搭配、品种特性、稻作方式、加工企业需求及安全齐穗期，合理选用适合当地种植的综合性状协调的优质高产水稻品种。例如，早稻尽量选择早熟、分蘖力强、抗倒伏的优质品种；生育期以 105 ～ 115d 为宜，如鄂早 18、两优 287 等。选择生育期在 135d 以内，稻米品质达到国标三级以上、抗性优、丰产性好、再生力强的品种，如两优 6326、丰两优香 1 号、黄华占、秧苏 1 号、秧苏 2 号、天优华占和甬优 4949 等。

（二）育秧方式

采用露地集中育秧、大棚集中育秧、硬地集中育秧、工厂化集中育秧等多种育秧形式，还可以科学利用空闲水泥场地、房前屋后等资源，适度替代传统大田育秧。

（三）床土选择

采用基质（工厂生产水稻育秧专用）、秸秆（＋畜禽粪便）基质、营养土（过筛细土拌壮秧剂）、过滤稻田稀泥。育秧盘选择：普通毯状秧苗塑料软盘、普通毯状秧苗硬盘、钵形毯状秧苗塑料软盘、秸秆（＋畜禽粪便）基质秧盘。

（四）播种方式

精量播种机播种、人工匀播、自走式育秧播种。

（五）苗床选择

选择离大田较近、排灌条件好、运输方便、地势平坦的地方作苗床，苗床与大田比例为 1∶（80 ～ 100）；如采用智能温室，多层秧架育秧，苗床与大田之比可达 1∶200。

（六）土壤准备

选择土壤疏松肥沃，无残茬、无砾石、无杂草、无污染、无病菌且当季无除草剂的壤土；检测底土 pH 值，最适 pH 值在 4.5～5.0，有利于培养壮秧；若土壤过酸，可用生石灰调碱，若过碱可用硫酸铵调酸；营养土冬前培肥腐熟好，忌播种前施肥。盖籽土不能拌壮秧剂；可采用水稻基质育苗，购买市场销售的合格水稻育秧商品基质，按其使用说明操作取代营养土育苗，既环保又减轻劳动强度。

（七）种子及秧盘准备

浸种前晒种 1～2d；用咪鲜胺浸种消毒 8～12h，再用清水洗净，常规稻种子浸种 24～36h，杂交稻种子浸种 24h。种子放入全自动水稻种子催芽箱或催芽桶内催芽，温度调控在 35℃，一般 12h 后可破胸，破胸后种子在油布上摊开炼芽 6～12h，晾干水分后待播种用。

（八）精细播种

秧盘内底土厚度为 2～2.2cm，使底土表面无积水，盘底无滴水，播种覆土后能湿透床土；早稻常规稻每盘播干谷 120g 左右，杂交稻 80～100g；再生稻常规稻每盘播干谷 100～120g，杂交稻 80g 左右；盖土厚度为 3mm，要求不露籽。播好的秧盘及时运送到温棚育秧，堆码 10～15 层盖膜进行暗化处理。注意事项：暗化处理好立针、分期播种控苗龄。用沙壤土育秧最好秧盘下铺麻地膜，利于盘根。

（九）苗期管理

温湿度管理：播种到出苗，控温 30～32℃；出苗到 1 叶 1 心期，控温 25～28℃；1 叶 1 心至 2 叶 1 心期，控温 20～25℃，2 叶 1 心到 3 叶 1 心，控温 20℃；适时通风炼苗。刚开始可以在中午温度较高时短时通风，以降低棚内温湿度，之后逐渐加大通风量，直至全天通风。日平均温度低于 12℃时注意保温；出苗后发现床土表面发白，或秧苗叶尖吐水少或无水珠、中午稻叶卷曲则表明缺水，要在早、晚各浇水一次。

（十）培育壮秧

秧苗要求苗齐、苗匀（图 3-2）。总体均衡，个体健壮；盘根带土，厚薄一致（2.2～2.5cm）；形如毛毯，提起不散，尺寸达标。机插秧壮秧标准：秧龄 20d 左右，叶龄 3～4 叶，苗高 17cm 左右，茎基宽不小于 0.25cm，每根秧苗白根 10 根以上，要形成白色毯状。旱育壮秧标准：秧龄 23～28d，叶龄 4～5 叶，苗高 25cm，带蘖率 80% 以上，根系短、白、粗、多。如床土营养不足，在 2 叶 1 心期结合浇水，每盘施稀尿素溶液做断奶肥；秧苗叶色过淡，可以在移栽前 3～5d，施尿素溶液做送嫁肥，打好送嫁药。

图 3-2　工厂化集中育秧

（十一）病虫草害防治

病害重点抓好绵腐病、立枯病、青枯病、苗瘟等病害防治。虫害做好稻蓟马的防治：为害卷叶率达 10%～15%，在 4～5 叶期或移栽前 2～3d，可选用 90% 晶体敌百虫 1 500 倍液、10% 吡虫啉可湿性粉剂 2 500 倍液喷雾茎叶。草害播种后每亩用 12% 噁草酮乳油 100～150mL 兑水 40kg 喷雾封闭除草。

三、水稻移栽技术

水稻移栽技术作为一种传统的栽培技术，在构建合理健康作物的群体、实现水稻高产方面具有非常明显的优势，但不可忽视的是，移栽技术需要很高的劳动成本，而且效率低下。在进行水稻生产时，要综合考虑其优缺点。该技术的顺利实施，需要从培育壮秧、整地备耕、尽早移栽、合理密植等几方面着手，才能有利于水稻苗期后的正常生产，发挥产量潜力。

（一）培育壮秧

水稻在移栽前要进行壮秧，主要是加强水肥的管理，增强秧苗的光合能力。通过外观观察能够看到秧苗叶片宽大，叶色青绿纯正，没有病虫害，根系发达，没有黑根生出，短白根较多，苗的基部相对较粗而且呈扁形。整体苗势整齐，一般移栽的大苗为 7～8 片叶、中苗为 5～6 片叶的规格。

（二）整地备耕

水稻栽培种植中在选择好比较适宜的耕地之后，首先就需要对其进行相应的整地准备作业。要把稻田土壤中残留的一些作物的根系、石块和植物的茎叶等杂物彻底加以清除，继而可以更好地为水稻的栽培提供比较好的土壤环境。其次还需要通过深翻、平整以及修建田埂等各种基建工作，继而可以为后续的水稻栽培作业做好充分的作业准备。

（三）尽早移栽

水稻育秧达到移栽条件后，要适时尽早移栽，一般春季常遇低温天气，雨水较多，这样的天气光照相对较少，秧苗生长缓慢，分蘖也会受到影响，因此要尽早移苗。同时要栽足苗，因低温天气秧苗分蘖少，要确保苗足才能保证田间的苗数，为产量提高打下基础。一旦插秧阶段遇到晴天，一定要抢时移栽，加快移栽速度，尽可能满栽满插，保证田间的苗数。一般机插适宜时间为水稻在叶龄 3.5～4.5 叶时，苗数要在 2.8 万株，而人工手插一般在秧苗叶龄在 4.5～5.5 叶时进行，基本苗数为亩插 2.5 万株左右。

（四）合理密植

密植上要按照"肥地宜稀、薄地宜密；早熟品种宜密、晚熟品种宜稀；早插宜稀晚宜密"的原则。密植的范围，普通栽培行距20～30cm，穴距10～20cm，每穴插3～5株苗；稀育稀植栽培，行距为30cm，穴距为13～20cm，每穴2～3株；超稀植栽培，行距30cm，穴距为27～30cm，每穴插2～3株苗。

四、氮肥施用

肥料是作物增产的基础，根据作物的氮、磷、钾养分需求合理施肥是保证水稻产量、提高肥料利用率最有效的手段，其中氮肥在水稻生长过程中起着至关重要的作用。然而，现阶段的水稻生产存在氮素利用率低和施肥过量这两大问题。当前，我国水稻氮素利用率仅35%～40%，远低于世界平均水平。稻田氮肥投入过多，大量的氮素通过氨挥发、淋溶与径流等方式损失，导致氮肥利用率低，且加重了环境污染，这会进一步导致农产品品质下降、耕地质量退化、农业面源污染和温室气体排放等系列问题，严重影响农业生态环境和人类健康。因此，提高氮肥利用率、减少氮肥施用量对水稻增产和缓解环境污染有重大意义。探索兼顾提升水稻产量和水氮利用效率的适宜栽培途径一直是近年来作物栽培学、土壤学和植物营养学领域的热点课题。近年来，稻作生产中采用了较多的提高氮肥利用率的方法，如改进施肥方法、改变肥料形态、确定氮肥的最佳施用时期以及最佳施肥量等，对减少肥料损失、提高肥料利用率具有指导意义。

（一）改进氮肥施用方法

在稻作施肥过程中，农民大多采取表面撒施的方法，施肥量多，但由于肥料利用率低，导致肥料损失严重。研究表明，与表面撒施处理相比，氮肥深施处理水稻产量提高2.7%～11.6%，氮肥利用率提高7.2%～12.8%。这是因为氮肥深施能明显增加植株根系的长度和数量，增强植株对养分和水分的吸收，减少氮肥损失。为此，机插秧侧深施肥技术的提出则很好地实现了氮肥精确深施，能同时完成插秧与施肥工作，在插秧的同时将肥料施于秧苗根系侧边土壤中，具有省时省工、增产高效的特点。与传统施肥方式相比，水稻机插秧同步侧深施肥技术减少 14.0% 的氮肥用量，且提高了氮肥的利用效率。另外，与人工撒施肥料相比，精量穴直播同步深施肥技术可以有效优化水稻群体质量，进而提高水稻产量，并且可以节省肥料用量约 30%，明显提高肥料利用率。此外，机械深施缓释肥增强了水稻的光合能力，提高了水稻产量，并改善了稻米品质。

（二）改变氮肥施用形态

目前，稻作生产中施用的普通化肥肥效期较短，一次性基施前期养分过多，中后期养分不足，多次施用才可以满足水稻不同生育时期对养分的需求，工作量大，且由于肥料利用率较低，导致化肥流失严重，加重了稻田土壤和河流的污染。因此，研究人员开发了调控养分释放速率的新型高效氮肥。新型高效氮肥一般分为缓控释肥和添加氮肥增效剂（脲酶抑制剂、硝化抑制剂、铵稳定剂等）的新型高效肥料。缓控释肥是一种肥料利用率高、环境友好型肥料，可以有效控制养分的释放速度和时间，一次施肥便可以满足作物生长发育所需要的养分。研究发现，缓控释肥比普通肥料提高氮肥利用率30.0% ～ 37.2%，减少氮肥损失。控释氮肥可以通过包膜材料控制养分的释放，实现养分供需均衡，增加有效穗数和穗粒数，从而实现增产；同时还可适当减少施氮量，提高氮肥利用效率。硝化抑制剂能通过抑制铵态氮向硝态氮转化，进而降低氮肥的损失。与施用普通尿素处理相比，施用含有硝化抑制剂的尿素处理水稻产量增加 10.7%，氮肥利用效率提高 7% ～ 10%。

（三）氮肥的最佳施用量和施用时期

氮素是水稻高产必不可少的营养元素，在一定范围内，水稻的产量随着施氮量的增加而增加；但施氮过量时，水稻容易出现倒伏、晚熟等现象，导致减产。因此，确定适宜的施氮量可以有效提高水稻产量和氮肥利用效率，减少氮肥的损失。实际生产中，应根据稻田土壤肥力状况和水稻的生长发育规律来确定氮肥施用总量及分期调控情况。当土壤肥力为中高水平时，可以减施 30% 氮肥，中低水平时，减施 10% 氮肥，此时并不会造成水稻产量的显著减少，且氮素利用率也会提高 13.55% 和 6.00%。不同水稻品种最佳的施氮量也有所不同，100kg 粳稻稻谷吸氮量比同等质量的籼稻高 0.2kg。

我国水稻主产区一般会施 3 ～ 4 次的氮肥，施肥关键时期分别为移栽前（基肥 35% ～ 40%）、分蘖期（蘖肥 20% ～ 25%）、幼穗分化期（穗肥 25% ～ 30%）和抽穗期（粒肥 0 ～ 10%），且随着不断的发展追肥次数、时期在不断调整，越来越注重后期（如开花、灌浆等关键生育时期）追肥，其增产节肥效果明显。作物高产与养分高效的本质是确保养分供应的时空有效性与作物需求同步。然而，常规尿素施入农田后迅速转化为 NH_4^+ 和 NO_3^-，存在较大的氨挥发和径流损失风险，很难实现肥料养分供给与水稻需肥规律同步。基于土壤养分有效性、作物目标产量和叶片 SPAD 实时变化开发的实时实地氮肥管理系统（site-specific nutrient management，SSNM）、测土配方施肥技术、精确定量施氮技术等，可通过合理调控水稻各生育期需氮量和施氮比例提高水稻产量和氮素利用效率，减少氮肥的损失，有利于实现水稻的高产优质高效栽培。但其多次施肥要求同当前我国农业劳动力短缺的社会现实相矛盾。

随着现代农业技术不断提升，环境友好型肥料产品的研发与轻简配套施用技术已成为当前研究热点。通过添加生化抑制剂、新型包膜材料研发的系列缓控释肥、稳定性肥料及其配套施肥技术（如一次性施肥、侧深施肥等技术），能有效简化施肥管理，提高产量和养分利用效率。同时，以生物氮为载体的土壤增效剂能显著降低田面水各形态氮浓度，有效降低稻田氮素径流损失及面源污染风险。

（四）水氮耦合

适宜的水氮耦合模式，如干湿交替灌溉、起垄栽培和好氧灌溉等耦合氮肥运筹，可以事半功倍地通过调控根系形态构建、叶面积指数和光合速率、同化物转运和分配等来提升水稻群体质量；同时，还可通过调控根际氮形态、微生物群落结构和氮吸收转化等减少稻田氮素径流损失，提高水稻产量和氮素利用率，并对稻田系统氮循环产生重大影响。

（五）氮肥施用方法

水稻生长中氮元素缺乏，一般会出现以下症状。

①植株矮小。由于氮素不足，水稻植株整体生长受阻，导致植株高度降低。

②叶片特征变化。叶片首先从下部老叶开始发黄，逐渐向上扩展，最终整株叶片变为黄色或黄绿色，叶片可能呈现短小、狭窄和直立的形态。

③分蘖减少。缺氮影响水稻的分蘖能力，导致分蘖数量减少，分蘖迟缓，甚至出现不分蘖的现象。

④根系问题。缺氮会导致根系发育不良，细根和根毛较少，根尖可能呈现黄色。

⑤穗部特征变化。缺氮影响穗的形成，导致穗子短小，籽粒数量减少，影响产量。

⑥其他特征变化。缺氮还可能导致植株早衰，叶片早熟，影响植株的整体健康和生产力。

水稻氮肥施用技术涉及科学合理的氮肥用量、施用时间和方法，以及与其他营养元素的配合施用，其施用技术要点如下。

1. 氮肥用量

根据土壤肥力和目标产量确定氮肥用量，例如，在中等肥力农田中，亩产 600kg、650kg、700kg 的粳稻，需施氮肥（纯氮）13.5kg、17.5kg、21.7kg，氮肥的基蘖与穗肥比例根据土壤肥力确定，高肥力土壤为（4.5～5.0）：（5.5～5.0），中肥力土壤为 5.5∶4.5，低肥力土壤为 6∶4。

2. 施用时间

水稻在不同生长阶段对氮肥的需求不同，生长初期适量施氮肥可提高水稻的抗旱性、促进穗花分化和提高稻米品质，中期增加氮肥施用量以保证稻谷籽粒饱满，生长后期适当减少氮肥施用量以避免影响水稻品质和口感。

3. 施用方法

常见的施用方式包括基施法和穴施法，基施是在土壤中深度 40～60cm 处开沟摆线施肥，穴施是在每丛水稻的冠部施用氮肥 10g。

此外，需注意田间调查和土壤测试，以确定适当的施肥量和时间；避免在生长期中期集中施肥，以免影响生长和品质；根据当地种植条件和实际情况进行调整，以获得最佳的氮肥利用效果。

五、磷肥施用

磷是水稻生长所必需的营养元素之一，在能量传递、物质代谢和抗逆调控中有着重要的作用。水稻生长中磷元素缺乏，会导致植株出现以下症状。

①生长缓慢：水稻在早、中稻期缺磷时，会形成"僵苗"，返青后生长显著缓慢，植株矮小，不分蘖或延迟分蘖。

②叶形和叶色异常：叶片狭小，直立成"一炷香"状，叶身稍呈环状卷曲，叶色暗绿苍老，叶心以下第 2～3 叶叶尖枯萎呈黄褐色。

③根系发育不良：老根变黄，新根少而纤细，根系紧缩不散。

④产量和品质下降：穗小粒少，千粒重降低，导致产量低，成熟延迟。

由于在土壤中移动性差、易固定，土壤中可溶性磷肥绝大部分以无效态形式积累，导致磷肥当季利用率较低，仅为 5%～15%。另外，水稻生产过程磷肥大量施用，未被吸收利用的磷素大多数滞留在表层土壤中，经径流、渗漏等途径进入生态环境，导致农业面源污染和严重的资源环境压力。

土壤中磷形态分为无机磷和有机磷，无机磷是作物有效磷素的主要来源。土壤无机磷可分为 Ca-P、Al-P、Fe-P 和 O-P（闭蓄态磷），其中 Ca-P、Al-P 和 Fe-P 是植物的有效磷源。当土壤无机磷含量较低时，有机磷矿化成为植物磷素的重要来源。土壤磷有效性与土壤的理化性质（如含水率）密切相关。与淹灌对照相比，轻干湿交替灌溉提高了土壤的有效磷含量。探索适宜养分资源管理模式提高水稻磷素利用效率对降低农业面源污染、促进水稻绿色高质量发展具有至关重要的意义。

在水稻生产中，磷肥施用应该侧重以下技术要点。

（一）提早施

水稻生长早期是水稻磷素营养的临界期，对磷吸收最快，而且水稻分蘖的根系发育都需要丰富的磷素，水稻苗期占生育期吸收总磷的一半，故苗期不能缺磷。因此，早施并施足磷肥对水稻后期生长有良好的作用。过磷酸钙在贮存时易吸潮结块，在施用时，要打碎过筛。磷容易被土壤中的铁、铝、钙固定而失效，故磷肥应施于种子和根系的周围，以利于根系吸收。

（二）与有机肥混合施

磷肥特别是钙镁磷肥与有机肥混合，可使磷肥中那些难溶性的磷转化为水稻能利用吸收的有效磷。由于磷肥混合在有机肥中，可减少与土壤接触，不易被固定，从而提高磷肥的肥效。

（三）分层施

磷肥在土壤中移动性小，因此，在土壤底层和浅层都要施用磷肥。水稻常用磷肥作面肥，就是把磷施在浅层，有利于秧苗的吸收，从而促进返青早、分蘖快，一般每亩施磷肥 25 ～ 40kg，浅层施 1/3，深层施 2/3。

（四）与氮肥混合施用

水稻生育期吸收各种养分有一定的比例，若比例失调就长不好。单施氮肥会造成根系发育不好，贪青徒长，不仅容易倒伏又易遭受病虫害，而氮磷配合施用，既可平衡养分，又能促进根系生长，为丰产打下基础。

（五）根外喷施

水稻到了生长后期，根系逐渐老化，吸收养分能力减弱，常造成缺磷。这时，可将水溶性的过磷酸钙喷施在水稻叶片上，使磷通过叶面的气孔或角质层进入植物体内，在抽穗破口期叶面喷施 1 ～ 2 次磷酸二氢钾，以促进谷粒充实饱满，提高结实率，增加千粒重，确保高产。

六、钾肥施用

水稻生长过程中需要大量的营养元素，其中钾元素是至关重要的。钾元素主要参与水稻体内多种酶的合成和能量代谢，对提高水稻的抗逆性能和产量具有重要作用。根据科学研究，每生产 100kg 稻谷，需要吸收 1.5 ～ 2kg 的钾肥。因此，合理施用钾肥是提高水稻产量的重要措施。

水稻缺钾是一种由于钾元素吸收代谢不足而造成的生理失常现象，缺钾的原因包括土壤有效钾含量不足，氮、磷、钾比例失调，土壤 pH 值过高或过低、土壤质地影响（如沙壤土易导致钾素流失）等。缺钾还会影响水稻的产量和品质。

水稻缺钾的主要症状如下。

①叶片症状。老叶首先出现症状，随后逐渐影响新叶、叶尖和叶茎部，初期叶片略呈深绿色且无光泽，随后叶片变窄、变软，基部老叶叶尖及前端叶缘褐变或焦枯，并产生褐色斑点或条斑，这些斑点通常从下叶逐渐向上叶蔓延，严重时整个植株只保留少数新叶，远看如火烧状。

②植株整体症状，植株矮小，分蘖减少，根系生长缓慢，多为黄褐色或暗褐色，且易老化和腐朽。

防控水稻缺钾的措施包括：

①平衡施肥，避免偏施氮、磷肥，合理施用钾肥；

②改良土壤，对于酸性或易流失钾的土壤，可通过施用石灰、草木灰或硫酸钾等措施来提高土壤中的有效钾含量；

③及时补救，对于已发生缺钾的稻田，可采取排水晒田、叶面喷洒含钾溶液等措施进行补救。

不同类型钾肥有不同成分和特点，如硫酸钾适用于各种土壤和作物，草木灰是一种优质的有机钾肥，且具有消毒杀菌的作用。使用钾肥时需注意确定施肥量、选择合适的施肥方式、注意施肥时间、避免过量施肥，并与其他肥料配合使用。正确使用钾肥能提高水稻产量和质量。

（一）不同类型钾肥的成分和特点

硫酸钾：含有 50% 的氧化钾，具有较高的溶解性，易被植物吸收利用。适用于各种土壤和作物，特别适合用于水稻。

氯化钾：含有 60% 的氧化钾，溶解度较高，但可能导致土壤盐碱化。适用于干旱地区和沙质土壤。

草木灰：含有 90% 的氧化钾，是一种优质的有机钾肥。具有消毒杀菌的作用，适用于各种土壤和作物。

（二）施用钾肥的注意事项

确定施肥量：根据土壤肥力和水稻生长的需求来确定施肥量。一般来说，每亩水稻需要施用 10 ～ 20kg 硫酸钾或氯化钾，或 20 ～ 30kg 草木灰。

选择合适的施肥方式：钾肥可以采用撒施、条施、穴施等方法施用。其中，撒施适用于地表灌溉的水稻，条施和穴施适用于水稻插秧后的生长阶段。

注意施肥时间：水稻钾肥的施肥方式主要有基肥和追肥两种。基肥是指在插秧前将钾肥与有机肥、氮肥等混合均匀后撒入田中，以促进水稻的生长和发育。追肥是指在插秧后或水稻生长过程中，根据土壤肥力和水稻生长情况，将钾肥撒入田中，以满足水稻对钾肥的需求。在选择施肥方式时，需要根据土壤肥力和水稻生长情况来确定。钾肥的施用时间一般在水稻拔节期至抽穗期之间。在这个阶段，水稻对钾肥的需求量最大，因此合理施用钾肥可以提高产量和品质。

避免过量施肥：过量施肥会导致土壤盐碱化和水稻倒伏等问题。因此，在施用钾肥时要注意控制施肥量，避免过量施肥。

结合其他肥料使用：钾肥与其他肥料（如氮肥、磷肥）配合使用，可以更好地发挥肥效，提高水稻的抗逆性能和产量。

七、硅肥施用

硅虽不是水稻的必需元素，但对水稻却有着重要作用。而且相比其他粮食作物而言，水稻是吸硅最多的，因此水稻也常被称为"喜硅作物"。所以在水稻的种植生产过程中，一定要重视好硅肥的使用。

水稻整个生育期都在不断地吸收硅元素，且越往后吸收量越大，通常硅酸含量要达到 10% 以上，才属于健康的水稻。若稻田缺硅的话，则稻株生长减弱，茎叶扭曲，叶片出现褐色枯斑，抽穗延迟，发生白穗，稻穗籽粒颜色发暗，秕粒增多，出现畸形稻壳，发生结实障碍。而这些症状会直接造成水稻发生减产的问题。科学地施用硅肥，不仅可促进水稻对硅的吸收，提高了单一植株内的含硅量，还能保障水稻抽穗期至成熟期的干物质积累，增强了水稻抗倒能力、抗病能力，从而明显提高水稻产量。实践表明，硅肥的增产效果一般可达 10% ～ 20%。

水稻硅肥的正确用法如下。

基肥：硅肥一般作基肥，在插秧前旋地时全田撒施，最好是与农家肥等有机肥混合在一起使用，当然也可以单独使用。一般可选用含有钙、镁的硅酸盐作为硅肥，或者硅肥菌剂进行填补，使用时力求撒施均匀，结合耙耕整地施入土壤为好，施用量根据土壤供硅情况每亩 6kg 左右。

追肥：追肥以叶面喷施为宜，可选高效速溶硅肥在水稻分蘖盛期时使用速溶性的硅叶面进行根外喷施，每亩每次喷施量在 100g 左右，连喷 2 次，每隔 10 ～ 15d 喷施 1 次。

使用事宜：①硅肥可以做水稻的基肥和追肥，但不能做水稻的种肥使用；②硅肥不能代替氮磷钾肥料，只有配合施用才能相互促进吸收利用，提高肥料利用率；③由于硅肥含石灰，长期连续施用有机质过分消耗，会降低地力，因此不用年年都施硅肥。

八、叶面肥施用

水稻叶片对养分吸收和转化快，叶面施肥能迅速转化苗情，有利于水稻生长。叶面喷施氮、磷肥料能加强水稻叶片光合作用和根系活力，在水稻生长后期喷施肥料能降低叶片和根系衰老速度，促进营养物质的积累、运输和转化。

喷施叶面肥时，应注意以下几个方面。

（1）注意选择叶面肥种类：尿素、磷酸二氢钾、过磷酸钙、硫酸钾及一些可溶性微肥都适合做叶面肥；氨水、碳铵、氯化钾等非水溶性化肥、含挥发性氨的氮肥和含氯离子的肥料一般不适宜做水稻叶面肥料。

（2）把握好施用浓度：不同肥料、水稻在不同生育阶段喷施的量和浓度是不同的。如叶面喷施尿素，每亩用 0.5kg 兑水 50 ～ 100kg，喷施浓度为 1%，喷施磷酸二氢钾，每亩用 150g 兑水 75kg 混匀后喷施。微量元素喷施的浓度一般为 0.01% ～ 0.1%。

（3）掌握叶面喷施时期：在水稻全生育过程中都可喷施叶面肥料，但不同时期喷施的浓度不同，在秧田期施用浓度稍低，在移植活棵后和生长衰弱期使用浓度相应提高。

（4）掌握叶面喷施方法：一般在傍晚或有露水的早晨喷施，喷洒在叶片正面，使肥料液能在叶片表面停留较长时间以便于吸收；喷施肥料时要保持田间有杂汤水或湿润。若在高温天气叶面喷肥，则必须喷一次清水洗叶。

九、灌　溉

2019 年我国农业灌溉耗水量 2 387.6 亿 m^3，占全国耗水总量的 74.6%。随着世界人口的增长，以及城镇和工业的发展，用于农作物灌溉的水资源越来越匮乏，水稻生产的可持续发展和粮食安全已经受到了威胁。

水稻是我国农业用水量最多的作物。水分管理方式对其产量和品质会产生重要影响，传统的"大水大肥"粗放式管理，灌溉决策主要依据生产经验判断，主观性强、随意性大，过量灌溉施肥现象较为普遍，导致水、肥资源浪费，土壤盐渍化、酸化，水体环境污染加重。我国水稻生产中最常用的水分管理方式是淹水灌溉，水稻生长的过程需要大量水来保持水层，但通常只有不到一半的水能被水稻消耗利用。稻田灌水量是小麦和玉米等其他作物 2 ～ 3 倍，耗水量极大，稻田灌溉水的水分生产率仅为 1kg/m^3。据研究，目前我国西南地区稻田灌溉用水量 9 000m^3/hm^2 以上，北方部分地区由于降水量小，灌水量更是高达 15 000 ～ 22 500m^3/hm^2，远高于当地水稻实际需要的灌水量，水资源浪费极其严重。而全国有 70% 左右的耕地干旱缺水，每年仅灌溉地区缺水约 300 亿 m^3。由于缺乏有效的节水灌溉技术和管理，很大一部分灌溉用水在田间输水的过程中损失。在一些大型灌溉区域，每生产 1kg 稻米要消耗 4 ～ 5m^3 的水，其中作物生长只需要 25% ～ 30% 水分，而大部分水通过蒸发和渗漏流失了。

另外，由于水资源在年际间、地区间及年内分布不均，稻米生产受到干旱造成的区域和季节性缺水的威胁，即使在我国雨水较多的南方地区，季节性干旱也是频繁发生，每年受旱面积近 700hm^2。并且随着气候的变化，近些年水稻受旱面积有增加的趋势。因此，发展节水农业，研究水稻高产高效节水灌溉技术模式，是我国一项重大战略需求。随着全球气候变暖，预计将导致水稻种植的灌溉用水需求量增加 13% ～ 23%。据估计，到 2025 年，亚洲的水稻灌溉地区将有 17 万～22 万 hm^2 面积的水稻将面临物质或经济缺水。中国约有 94.2% 的稻田适合节水灌溉，通过全面采用节水灌溉，我国稻米产量可能提高 5.4%～6.9%，节省 22.1%～26.4% 的灌溉水。研究节水灌溉技术，以更少的水种植水稻，提高用水效率，从而实现灌溉的可持续性，无论是对于稳定我国水稻生产安全，还是水资源高效利用，都具有重要的意义，是维持农业可持续发展和实现水资源安全目标的重要战略措施和必然选择。

近年来，为在一定程度上缓解农业用水紧张，国内外学者在灌溉方式对水稻生长发育的影响方面进行了大量研究，探索出了湿润灌溉、干湿交替灌溉以及旱种旱管等多种节水灌溉方式。研究发现，在适宜的时期进行适度控水可有效改善水稻田间温光条件，强壮稻株根系，提高养分的吸收和利用能力，从而激发植物潜能，增产提质，既实现降本增效，又能发挥社会带动作用。

（一）"浅、湿、晒"灌溉

"浅、湿、晒"灌溉的研究始于 20 世纪 80 年代，也是我国应用时间最久、应用地域最广的节水灌溉模式。广西推广的"薄、浅、湿、晒"、浙江等地推广的"薄露灌溉"和北方地区推广的"浅、湿"灌溉都与其类似，只是田间水分控制标准不同。"薄、浅、湿、晒"的水分控制标准为：薄水插秧（15～20mm），浅水返青（20～40mm），分蘖前期湿润（10mm），分蘖后期晒田，拔节孕穗期再灌水（10～20mm），抽穗扬花期保持薄水层（5～15mm），乳熟期湿润（10mm），黄熟期湿润、落干。

"浅、湿"灌溉的水分控制标准为：在移栽和返青阶段保持 30～50mm 的浅水层，在分蘖初期、拔节期和孕穗期以及抽穗扬花期，浅水和湿润交替进行，每次灌水 30～50mm，当水层落干后可重新灌溉；分蘖后期晒田，乳熟期浅、湿、晒交替进行，灌水后水深 10～20mm，当土壤田间持水量降至 80% 时再次灌溉，黄熟期停止灌溉，自然落干。

"薄露灌溉"的技术要点："薄"意味着灌溉水层通常应小于 15mm，"露"是指田间表层土壤应暴露于空气中或阳光下，并且不应长时间浸泡在水中，每次灌水后都要自然落干露田，田间水分控制标准类似于拔节前期和黄熟期阶段的"薄、浅、湿、晒"灌溉。研究表明，与常规灌溉相比，稻田采用

"浅、湿、晒"灌溉技术模式不仅能节约 7% ~ 41% 的灌溉用水，而且能使水稻产量提高 5.5% ~ 20.9%。

（二）间歇灌溉技术

"间歇灌溉"又称为"干湿交替灌溉"，干湿交替灌溉是目前水稻生产中应用最为广泛的一种节水灌溉技术，节水效果明显。该技术由美国学者于 20 世纪 80 年代最先提出。该灌溉方式主要的技术特点是在水稻的生育过程中，按一定周期，阶段性地向水稻田间供水灌溉，通过有无水层控制来构成浅水与湿润反复交替。这种模式在南方地区的湖北、安徽和浙江等省以及北方有采用。其田间水分控制标准如下：在返青期维持 30 ~ 50mm 的水层，分蘖后期晒田，黄熟期停止灌溉，自然落干即可。根据不同的土壤状况、地下水位、气候条件和生育期，可分别采用重度间歇淹水和轻度间歇淹水。重度间歇淹水每 7 ~ 9d 灌水一次，每次 50 ~ 70mm，田面保持 20 ~ 40mm 水层，随后自然落干，有水层保持 4 ~ 5d，无水层 3 ~ 4d，如此反复交替，灌水前土壤含水率不低于田间持水率的 85% ~ 90%；轻度间歇淹水每 4 ~ 6d 灌水一次，每次灌水 30 ~ 50mm，使田面保持 15 ~ 20mm 水层，有水层和无水层各 2 ~ 3d，灌水前土壤含水率不低于田间持水率的 90% ~ 95%。研究表明，与淹水灌溉相比，轻度干湿交替灌溉水分管理在维持和提高水稻产量的同时，可以节约用水量 15% ~ 18%，显著提高水分利用效率。

（三）控制灌溉技术

控制灌溉又称半旱栽培，"控制灌溉"不同地方叫法有差别，如半干旱栽培、控水灌溉、水插旱管等，该技术是 20 世纪 80 年代初由河海大学开始试验研究，并于 90 年代正式提出水稻控制灌溉的概念，该技术在我国北方稻区应用较为广泛。"控制灌溉"是基于水稻不同生育期对水分敏感程度和需水规律不同来调节水稻供水量，在发挥水稻自身调节功能和适应性的基础上，遵循适时适量、科学供水的原则，是一种非充分灌溉技术。其技术要点为：只在插秧期至水稻返青期建立 20 ~ 30mm 水层，其他生育阶段灌水后均不建立水层，而是把根层土壤水分作为控制指标，来确定灌水定额和灌水时间。水分控制上限为土壤饱和含水率，下限则取土壤饱和含水率的 60%～80%。如遇降雨，稻田可适当蓄水，但蓄水不能超过 50mm，时间不能超过 5d。"控制灌溉"比常规灌溉节水 24%～45.9%，增产 1.8%～16%。

（四）蓄雨型灌溉技术

"蓄雨型灌溉技术"是以充分利用降雨为原则的一项技术，在不影响水稻高产的前提下，尽可能多地集蓄雨水，以提高降雨利用率。在我国湖北、福建等地区研究推广的"少灌多蓄"技术以及安徽、江苏研究的"浅灌深蓄""控灌中蓄"等技术都属于这一类型。无降雨时按照其他技术灌溉，降雨时，雨水层可以超过灌溉水层的上限标准。这样不仅减轻了排水负担，而且减少了灌水量。浅蓄一般宜在水稻生长前期和后期进行，雨后田面水深可超出灌溉水层 20～30mm；而中期可多蓄，雨后水深可超出 30～50mm。各地在推广各种节水灌溉技术同时，常常会与"蓄雨型灌溉"相结合，对于节水和利用降雨会有更好的效果。研究表明，与常规灌溉相比，"蓄雨型灌溉"减少了 43.4%～87.7% 的灌溉量，增产 11.8%～36.9%。

（五）适雨灌溉

"适雨灌溉"是由浙江省提出的一种水稻灌溉方法，在保证水稻产量的前提下，每次灌水前适度干旱胁迫，降雨时再让水稻适度遭受淹水胁迫，旱涝胁迫交替发生。其具体技术方法按耕作栽培模式又分为平地模式、沟畦模式和秸秆覆盖模式。平地模式田间控水标准为：返青期灌溉下限为土壤饱和含水率，上限为 20mm 田面水层，蓄雨上限为田面水深 35～50mm；分蘖前期灌溉下限为土壤负压 –20kPa，土壤饱和含水率为上限，蓄雨上限为田面水深 85～100mm；分蘖后期，灌溉下限为土壤负压 –30～–25kPa，上限也为土壤饱和含水率，蓄雨上限为田面水深 130～150mm；拔节孕穗期灌溉下限为土壤负压 –20～–15kPa，上限为田面水深 100～150mm，蓄雨上限为田面水深 180～200mm；黄熟期，蓄雨上限为田面水深 50～80mm，自然落干。研究表明，与常规灌溉相比，"适雨灌溉"下产量增加了 2.1%～4.4%，灌溉用水量降低了 41.7%～81.9%。

（六）滴灌技术

滴灌又称为微灌，主要通过加压管道、阀门和滴管将水直接灌入根部或土壤表面。水稻滴灌技术主要应用于北方干旱地区，南方多雨地区应用较少。滴灌时的滴水量、滴水线深度、滴头间距和额定流量对节水效果有很大影响。除了一般的滴灌模式外，近年来，新疆提出了一项高效节水的现代化栽培灌溉技术——膜下滴灌，其最早试验应用于棉花种植，随后进行水稻试验。该技术改变了水稻传统的水作种植模式，全生育期无水层、不起垄，是水稻生产中节水效果最明显的技术。水稻滴灌系统由首部枢纽、输送水管网、毛管及控制、量测和保护装置等组成。滴水过程为水经水泵加压进入首部枢纽，经过滤后送到输配水管网然后到干管、支管和毛管，再由毛管上的滴头滴入水稻的耕层，满足水稻对水的需求，并且能节水 60% 以上。近些年，该技术已经在新疆地区进行了大面积推广。据新疆天业集团的测算，膜下滴灌技术能使主要大田作物平均增产 30% 以上。

（七）自动控制灌溉

我国自动控制灌溉是在引进国外技术的基础上发展起来的，起初是在干旱地区的旱地作物示范区应用，技术逐步达到成熟，进而大面积推广应用。但是稻田自动化控制灌溉起步较晚，关于这方面的研究并不多，目前大多还处于理论阶段。将计算机、3S 技术、太阳能等现代高新技术应用于灌溉领域，监测农作物土壤墒情和气候等条件，并根据监测结果，采用精确的灌溉设施对作物进行灌溉，是今后水稻节水灌溉技术发展的方向。在国内方面，提出了一种水稻精准节水灌溉全自动控制系统，通过田间遥测雷达监测水层，然后再通过手机远程遥控抽排水泵，进行灌溉或排水。此外，还有学者提出了一种基于 ZigBee 无线传感网络技术的稻田节水控制灌溉系统，通过传感器来监测土壤墒情，依据水稻生育期需水信息自动控制灌溉和排水，调节田面水深和土壤含水量（图 3-3）。总的来说，这些技术的出现为未来发展智慧农业打下了基础，但是没有经过生产实践验证，其具体效果如何都还有待进一步研究。

图 3-3 智慧灌溉系统的基础控制单元

十、种子处理

目前，提高种子萌发期间对非生物逆境的抗逆能力，主要采取选育抗逆品种和对种子进行播前处理两种措施。然而，抗逆品种的选育周期长，难以在短时间内提高种子萌发期的抗逆性，故而大多采取种子播前处理技术。种子处理技术是指在播种前采用物理或化学方法处理种子，从而提高种子萌发性能和抗逆性的一种技术。种子处理技术以种子为直接载体，对于解决直播早稻的萌发出苗问题而言，其作用方式要明显优于其他外源调控方式。种子处理包括多种类型，而不同类型种子处理的作用效果和作用机理也存在很大差异，目前常见的种子处理技术包括种子引发、种子包衣、种子丸粒化等手段。在不适宜的环境下，种子处理技术能够促使种子快速均匀萌发、提高幼苗活力，甚至提高大田作物产量。

（一）种子引发

种子引发是指在特定条件下控制种子缓慢吸水，使种子进入萌动而胚根不突破种皮的阶段后再缓慢回干的种子处理技术。引发处理可以打破休眠、提升发芽速度和发芽率、促进幼苗的生长。种子引发的基本原理是通过温度和引发基质使种子停留在萌发的第二阶段，并完成细胞结构的修复和代谢相关酶的提前活化。同时通过引发基质中的化学调控物质能激活种子的抗逆代谢网络，从而促进种子的萌发，增强抗逆性。总的来说，引发处理对种子的促进作用主要体现在以下两个方面：一是引发对种子内部生理代谢的提前动员作用；二是引发处理诱导了种子抗逆信号传导，提高了抗氧化系统的活性。

种子引发的载体为引发剂，而引发剂由引发基质（溶剂）和活性物质（溶质）组成。根据引发基质的性质可将引发处理分为水引发、渗透引发和固体基质引发等类型。其中水引发是指直接用自来水或蒸馏水作为基质进行引发。水引发由于操作成本低、操作步骤简单，在实际生产中应用较广。除引发剂外，引发处理的效果还取决于引发的条件。包括引发温度、引发时间和引发剂的水势和浓度等。水引发、$CaCl_2$ 引发、H_2O_2 引发、硒引发和水杨酸引发均能有效提高水稻种子的发芽率，促进水稻幼苗的生长。并且，引发处理还能促进逆境胁迫下种子的萌发，提高抗逆性。除此之外，引发处理还能促进作物中后期的生长，提高产量。

（二）种子包衣

种子包衣是指以精选过的种子为载体，通过人工或者机械的方式将含有植物生长调节物质、杀菌剂、杀虫剂和肥料等活性成分的种衣剂均匀包裹到种子表面的种子处理技术，该技术是在传统浸种、拌种的基础上发展起来的。包衣能增加种子的商品价值，促进增收增产，是物化栽培的重要组成部分。

种衣剂是指根据相关需求及种子生理特性配置的一种可直接包覆于种子表面的悬浮剂，由活性成分（药剂、生长调节剂、肥料）和非活性成分（分散剂、乳化剂、成膜剂）组成，并具有一定强度、通透性和成膜特性，能够消毒种子、防治病虫鼠害、缓慢释放药肥、促进植物生长、提高作物抗逆性。根据种衣剂成分的性质，可分成三类。

1. 物理型种衣剂

物理型种衣剂是指单纯增加种子重量和体积的种衣剂，一般在小粒型种子机械化播种上应用。

2. 化学型种衣剂

目前应用最广的种衣剂类型，种衣剂由外源合成的化学物质构成（图3-4）。

3. 生物型种衣剂

生物型种衣剂主要成分为根瘤菌和菌根等有益于植物生长的生物。

种子包衣对作物生长的调控主要分为以下几个方面。

①防治病虫害，种子经含农药的种衣剂包衣后可以减少发芽过程中的真菌感染，同时在生长中前期减少病虫害的侵入，如在水稻中，包衣处理能有效预防恶苗病、立枯病、稻蓟马、稻飞虱等病虫害。

②提高作物的抗逆性，抗逆型种衣剂在多种作物中都有成功的应用，如水杨酸包衣提升了低温胁迫下玉米种子和幼苗的抗寒性能。

图3-4 进行过包衣的水稻种子

③提高资源利用率，降低劳动成本，种衣剂中的肥料和农药成分可以减少作物的施肥和打药次数，同时提高肥效和肥料利用率，从而节省劳动力，提高生产效益。其中，促进种子萌发和幼苗生长是种子包衣最重要的功能之一。

（三）种子丸粒化

种子丸粒化是在包衣技术基础上发展起来的一项适应精细播种需要的农业高新技术，是将惰性材料通过机械加工，制成表面光滑、大小均匀、颗粒增大的种子，能够改变种子的固有形状和大小、增强种子能力的一种方法。丸粒化后种子的形状和大小均有明显改变，质量一般增加3～50倍。种子丸粒化材料除含种衣剂成分外，还包含惰性填料和粘合剂。惰性填料主要成分包括黏土、膨润土、滑石粉、凹凸棒、石灰、石膏、硅藻土、高岭土、泥炭土、蛭石、沙子等；粘合剂主要类型包括甲基纤维素、羟丙基纤维素、聚乙烯酸、聚乙烯醇、阿拉伯胶、淀粉、凝胶、多聚糖等。此外，根据不同的用途，还可加入特异性物质进行特异性处理，如吸水剂、防水剂、防冻剂及增氧剂。

种子丸粒化可根据不同的用途划分为不同的类型，但其主要作用如下。

①促使良种标准化、商品化，提高种子质量，能够节省用种量、提高播种性能、利于机械化播种。

②活性成分释放缓慢，持续时间长，减少用药次数和降低环境污染，能有效防治苗期病、虫、鸟、鼠害及缺素症，确保苗齐苗壮、促进幼苗生长，提高产品产量、改善品质。

③特异型丸粒化处理可以增强种子的抗逆性，如提高种子的抗旱、耐寒、抗涝、抗除草剂能力等，使种子播种适应的范围更广。大田试验结果表明，丸粒化包衣处理可以显著促进直播稻萌发生长，提高幼苗综合素质，提高成秧率并增加产量。总之，包衣丸粒化处理在提高种子抗逆性、增产方面有着非常重要的作用，且适用范围广，有很广阔的应用前景。

十一、收　获

水稻收获技术涉及多个方面，包括选择合适的收割时间、准备收割区域、选择合适的收割机械和行走路线、控制收割速度和质量等。在一定区域内，水稻品种及种植模式应尽量规范一致，作物生长及田块条件适于机械化收获。机手应提前检查调试好机具，确定适宜收获期，严格按照作业质量标准和操作规程，有利于减少水稻收获过程中的损失，保证生产效益。

（一）作业前准备

作业前要保持机具良好工作状态，预防和减少作业故障，提高作业质量和效率。

机具检查：作业季节开始前要依据产品使用说明书对联合收割机进行一次全面检查与保养，确保机具在整个收获期能正常工作。检查清理散热器，将散热器上的草屑、灰尘清理干净，防止散热器堵塞，引起发动机过热，水箱温度过高，应在每个工作班次间隙及时清理。检查空气滤清器，每班次前检查空气滤清器滤网堵塞情况，做必要清理。检查割台、输送带及传动轴等运动及连接部分的紧固件和连接件，防止松动。检查各润滑油、冷却液是否需要补充。检查各运转部件及升降系统是否工作正常。检查和调整各传动皮带的张紧度，防止作业时皮带过度张紧或过松打滑。检查搅龙箱体、粮仓连接部、振动筛周边等密封性，防止连接部间隙增大或密封条破损导致漏粮。检查脱粒齿、凹板筛是否过度磨损。

试割：正式开始作业前要进行试割。试割作业行进长度以 30m 左右为宜，根据作物、田块的条件确定适合的作业速度，对照作业质量标准仔细检测试割效果（如损失率、含杂率和破碎率），并以此为依据对相应部件（如风机进风口开度、振动筛筛片角度、脱粒间隙、拨禾轮位置、半喂入收割机的喂入深浅、全喂入收割机的收割高度等）位置及参数进行调整。调整后再进行试割并检测，直至达到质量标准为止。作物品种、田块条件有变化时要重新试割和调试机具。

（二）确定适宜收获期

准确判断确定适宜收获期，防止过早或过迟收获造成脱粒清选损失或割台损失增加。针对不同田块大小、软硬程度、倒伏情况选择合适的收获机型和方式。选择晴好天气，及时收割。

根据水稻生长特征判断确定：水稻的蜡熟末期至完熟初期较为适宜收获，此时稻谷籽粒含水量 15% ～ 28%。一般认为，谷壳变黄、籽粒变硬、水分适宜、不易破碎时标志着水稻进入完熟期。水稻分段式割晒机作业一般适宜在蜡熟末期进行。

根据稻穗外部形态判断确定：一般来说，水稻穗部 90% 以上籽粒谷壳及穗轴、枝梗转黄、谷粒变硬时即可进行收获。不同类型品种，其稻穗籽粒落粒性不同，籼稻比粳稻更容易落粒。落粒性强的品种可以适当早收，不易落粒的品种可以适当晚收。在易发生自然灾害或复种指数较高的地区，为抢时间，可提前至九成成熟时开始收获。

根据生长时间判断确定：一般南方早籼稻适宜收获期为齐穗后 25 ～ 30d，中籼稻为齐穗后 30 ～ 35d，晚籼稻为齐穗后 35 ～ 40d，中晚粳稻为齐穗后 40 ～ 45d；北方单季稻区齐穗后 45 ～ 50d 收获。

（三）机收作业质量要求和测定方法

机收作业质量应符合 NY/T 498—2013《水稻联合收割机作业质量》标准要求。

推荐"半米幅宽法"和"巴掌法"。选择自然落粒少的田块，在收割机稳定作业区域，往返两个行程内随机选取两个取样区，收集区域内掉落地上的籽粒个数，根据当地的稻谷千粒重（或落地籽粒称重）和平均亩产量估算平均损失率。

（四）减少机收环节损失的措施

作业前要实地察看作业田块土地、种植品种、生长高度、植株倒伏、作物产量等情况，预调好机具状态。作业过程中，严格执行作业质量要求，随时查看作业效果，如遇损失变多等情况要及时调整机具参数，使机具保持良好状态，保证收获作业低损、高效。

选择适用机型：水稻生长高度为 65～110cm、穗幅差 ≤ 25cm，或者收割难脱粒品种（脱粒强度大于 180g）时，建议选用半喂入式联合收割机。收割易脱粒品种（脱粒强度小于 100g）或高留茬收获时，建议使用全喂入收割机。作物高度超出 110cm 时，可以适当增加割茬高度，半喂入联合收割机要适当调浅脱粒喂入深度。

检查作业田块：检查去除田里木桩、石块等硬杂物，了解田块的泥脚情况，对可能造成陷车或倾翻、跌落的地方做出标识，以保证安全作业。查看田埂情况，如果田埂过高，应用人工在右角割出（割幅）×（机器长度）的空地，或在田块两端的田埂开 1.2 倍割幅的缺口，便于收割机顺利下田。

正确开出割道：从易于收割机下田的一角开始，沿着田埂割出第一个割幅，割到头后倒退 5～8m，然后斜着割出第二个割幅，割到头后再倒退 5～8m，斜着割出第三个割幅；用同样的方法开出横向方向的割道。规划较整齐的田块，可以把几块田连接起来开好割道，割出三行宽的割道后再分区收割，提高收割效率。收割过程中机器保持直线行走，避免边割边转弯，压倒部分谷物造成漏割，增加损失。

合理确定行走路线：行走路线最常用的有以下 3 种。

①四边收割法。对于长和宽相近、面积较大的田块，开出割道后，收割一个割幅到割区头，升起割台，沿割道前进 5～8m 后，边倒车边向右转弯，使机器横过 90°，当割台刚好对正割区后，停车，挂上前进挡，放下割台，再继续收割，直到将谷物收完。

②梭形双向收割法。对于长宽相差较大、面积较小的田块，沿田块两头开出的割道，长方向割到割区头，不用倒车，继续前进，左转弯绕到割区另一边进行收割。

③分块收割法。考虑集粮仓容积，根据作物产量，估算籽粒充满集粮仓所需的作业长度规划收割路径，针对较大田块，收割至田块的适当位置，左转收割穿过田块，把一块田分几块进行收割。

选择作业速度：作业过程中（包括收割作业开始前 1min、结束后 2min）应尽量保持发动机在额定转速下运转，地头作业转弯时，应适当降低作业速度，防止清选筛面上的物料甩向一侧造成清选损失，保证收获质量。当作物产量超过 600kg/ 亩时，应降低作业速度，全喂入联合收割机还应适当增加割茬高度并减小收割幅宽。若田间杂草太多，应考虑放慢收割机作业速度，减少喂入量，防止喂入量过大导致作业损失率和谷物含杂率过高等情况。

收割潮湿水稻及湿田作业：在季节性抢收时，如遇到潮湿作物较多的情况，应经常检查凹板筛、清选筛是否堵塞，注意及时清理。有露水时，要等到露水消退后再进行作业。在进行湿田收割前，务必仔细确认作物状态（倒伏角的大小）和田块状态（泥泞程度），收割过程中如遇到收割机打滑、下沉、倾斜等情况时，应降低作业速度，不急转弯，不在同一位置转弯，避免急进、急退，尽量减轻收割机的重量（及时排出粮仓内的谷粒）。若在较为泥泞的湿田中收割倒伏作物或潮湿作物时，容易造成割台、凹板筛和振动筛的堵塞，因此需低速、少量依次收割，并及时清除割刀和喂入筒入口的秸秆屑及泥土。有条件的地方可以更换半履带，以适应泥泞田块正常收获作业。

收割倒伏水稻：收割倒伏水稻时，可通过安装扶倒器和防倒伏弹齿装置，尽量减少倒伏水稻收获损失，收割倒伏水稻时放慢作业速度，原则上倒伏角小于 45° 时收割作业不受影响；倒伏角 45°～60° 时拨禾轮位置前移、调整弹齿角度后倾；在倒伏角大于 60° 时，使用全喂入联合收割机逆向收割，拨禾轮位置前移且转速调至最低，调整弹齿角度后倾。

收割过熟水稻：水稻完全成熟后，谷粒由黄变白，枝梗和谷粒都变干，特别是经过霜冻之后，晴天大风高温，穗茎和枝梗易折断，这时收获需注意：尽量降低留茬高度，一般在 10 ～ 15cm，但要防止切割器"入泥吃土"，并且严禁半喂入收获，以减少切穗、漏穗。

分段收获：使用分段式割晒机作业时，要铺放整齐、不塌铺、不散铺，穗头不着地，防止干湿交替，增加水稻惊纹粒，降低品质。捡拾作业时，最佳作业期在水稻割后晾晒 3 ～ 5d，稻谷水分降至 14% 左右时，要求不压铺、不丢穗、捡拾干净。

规范作业操作：作业时应根据作物品种、高度、产量、成熟程度及秸秆含水率等情况来选择前进挡位，用作业速度、割茬高度及割幅宽度来调整喂入量，使机器在额定负荷下工作，尽量降低夹带损失，避免发生堵塞故障。要经常检查凹板筛和清选筛的筛面，防止被泥土或潮湿物堵死造成粮食损失，如有堵塞要及时清理。收割作业结束后粮箱存粮要及时卸净。

收获是水稻种植的最后一道工序。收获时要选择适宜的时机，一般在稻谷黄熟期进行收割。收割时要保证稻谷的完整性和干燥性，避免损失和霉变。收获后要及时晾晒或烘干，以便保存和运输。

第四章 水稻优质高产栽培技术

目前在耕地面积不断减少、经济作物发展不可逆转及人口增加的情况下，要稳定和提高粮食生产能力，根本的出路就是通过科技进步大幅度提高单位面积产量。提高单位面积产量又依靠育种和栽培技术的进步，但在某种程度上，改进栽培技术的增产作用更大。据统计，在稻米增产过程中，品种更新的作用占35%～40%，栽培技术的改进占60%～65%。因此，研究探索水稻优质高产栽培理论与技术具有重要的现实意义和实践指导意义。本章节重点概述了现阶段在水稻生产中各主要环节中进行应用和推广的一些优质高产栽培技术，以期为未来水稻栽培技术的革新提供新的方向。

一、节水种稻技术

水稻既有耐淹、耐湿性，又有一定的耐旱抗旱性，这一具有双重特性的作物，决定它既可以水栽又可节水、无水栽培。由于品种不同，其耐旱抗旱能力也不同，筛选耐旱抗旱能力强并兼具其他优良性状的节水栽培品种，同时集成相应的节水栽培措施，形成节水种稻技术，可为北方稻区以及水分供应不足的地区开展水稻节水栽培提供技术支撑。

（一）选择耐旱抗旱性强的品种

选择耐旱抗旱性强的水稻品种，是缺水条件下栽培，夺取丰产的保证。在水肥充足条件下，选择耐肥抗倒性好的直立穗型或半弯曲型品种，在充分利用水肥条件下，能更好地发挥其增产潜力；在水肥不足或缺水条件下，选择弯曲穗型或繁茂性好的品种也能获得较好的产量，如节优804、松辽99-132、松辽05-12、旱优73等。

（二）节水种稻田地选择

宜选择水位较高的低洼易涝、不宜水田栽培地块，杂草少、土壤结构良好、肥力中等、中性偏酸（pH 值 7.0 以下）的土壤（盐碱地不宜节水种）。有补水条件或水位较高的"尿炕地""二洼地""易涝地"等均可采用节水种稻。整地质量要好，提高旋耕质量，旱整地，减少本田插秧前用水，做到旱耙地、旱平整、旱打埂，地平土细、墒足。集中时间边泡田，边水平，边沉淀，边插秧，缩短插秧期。

（三）适当加大插秧密度

在水胁迫下，水稻分蘖力受到抑制，单位面积有效穗数减少，光能利用效率低，为了达到高产稳产的目的，保证单位面积有效穗数，克服干旱对分蘖力的影响，适当增加插秧密度及每穴株数，是一项有效的稳产性措施；但也不能过于密植，否则会影响通风透光，水稻易得纹枯病，倒伏，产量低下。

应插壮秧，用钵盘育苗或采用隔离层旱育苗，带土移栽一般应为 27cm×15cm，穴与穴要等距。应根据当地栽培习惯，水源、地力、土质等条件及品种分蘖能力、耐旱抗旱性强弱等能力，选择最佳栽培方式及采用最佳插秧密度和每穴株数，以适应节水栽培。

（四）适当施肥可弥补水分不足的影响

水、肥、气、热、光是水稻生产的必要因子。通常情况下水分因子不易满足，当缺水时，补之以肥，会缓解水分的胁迫，产生明显的效果，最好施全层有机肥，能够改善土壤环境，增加土壤透气性，缓解水分胁迫，达到平衡施肥的目的。在缺水条件下施用氮肥时，除了根据水稻长势、长相和需水特性外，还应根据土壤干旱程度，如田间持水量大于 80% 时的土壤条件下，施用氮肥弥补水分不足作用明显；但在严重干旱条件下施肥效果不好，尤其过多施氮肥对水稻生育更是无益。一般中等肥力条件下施纯氮量应为 150kg/hm^2，并配以纯磷 100kg/hm^2、纯钾 80kg/hm^2，利于水稻的生育与成熟，施肥量多寡应视具体地力情况而异。

（五）按水稻需水特点进行灌溉

节水栽培，应根据水稻不同生育时期对水分需要的特点进行灌溉管理。插秧至返青期，因稻苗根系遭到一定程度的破坏，吸水、吸肥能力较差，所以应保持水层 2～3cm；分蘖期、拔节期及结实期对水分要求不太严格，则可适当节省田间用水，一般一次灌水约 3cm，待水层自然耗尽，田间持水量达到 80% 时，再灌下一次水；水稻抽穗开花授粉灌浆期，对水分要求十分敏感，此时期水分不足，会直接影响籽粒饱满度和成熟度，导致水稻产量低下，在此生育阶段，一般应一次灌水保持水层 2～3cm，田间土壤水分蒸发耗尽时，再进行下一次灌水，会促进水稻生育良好和发挥增产潜力。

二、水稻机械化育插秧技术

在水稻种植过程中的育苗插秧环节通过对机械化技术的合理应用，能够确保以往传统人工种植方式向规范化以及机械化种植模式方面进行积极转变，在育秧时应用塑盘方式进行，而在插秧时应用插秧机来进行，在此基础上加之田间管理科学有效性的充分全面发挥，确保水稻种植经济效益的不断提升得以良好实现。机械化插秧高产栽培技术的应用，能够将以往种植过程中的成本投入给予有效减少，也能促使种植效率得以不断提升，基于种植标准化发展，为水稻种植生产模式现代化的发展给予良好推动。

水稻机械化育插秧技术是采用规范化育秧、机械化插秧的水稻栽培技术，主要内容包括适合机械栽插要求的秧苗培育、插秧机的操作使用、大田管理农艺配套措施等。采用该技术可减轻劳动强度，实现水稻生产的节本增收、高产稳产。

（一）规范化育秧

规范化育秧常用的方式有软盘育秧和硬盘育秧两种。要求播种均匀、出苗整齐、根系发达、茎叶健壮、无病无杂。

熟化床土。选择菜园土、熟化的旱田土、稻田土或淤泥土，采用机械或半机械手段进行碎土、过筛、拌肥，形成酸碱适宜（pH 值 =6）的营养土，床土不得有大于 5mm 的石头，土肥一定要充分熟化，每亩大田需要备足营养土 100kg，集中堆土。

精做苗床。选择排灌、运秧方便，便于管理的田块做秧田（或大棚苗床）。按照秧田与大田 1∶100 的比例备足秧田。苗床规格为箱面宽约 140cm，箱沟宽约 25cm、深约 15cm，四周沟宽约 30cm、深约 25cm。苗床箱面要求达到"实、平、光、直"，同时，要开好腰沟和围沟。

优选品种。选择通过审定、适合当地种植的优质、高产、抗逆性强的品种。杂交早稻宜选择生育期在 105d 左右的品种，杂交晚稻应选择生育期在 116d 以内的品种，杂交中稻选择生育期在 135d 以内的品种。种子需经选种、晒种、药剂浸种、清洗、催芽、脱湿处理。使用机械播种的在谷种"破胸露白"即可播种，手工播种的在谷种芽长 2mm 时播种。

定量匀播。根据品种和当地农艺要求，选择适宜的播种量，要求播种精准、均匀、不重不漏。一般杂交早稻每亩用种量 2.0kg，杂交晚稻 1.8kg，中稻 1.5kg。杂交稻每盘播芽谷 80 ～ 100g，常规稻每盘播芽谷 130 ～ 150g。播种后要覆土，覆土厚度 0.3 ～ 0.5cm，以不见芽谷为宜。

铺放秧盘。育秧有软盘、硬盘。根据不同水稻品种，每亩机插大田备足软（硬）盘。

覆膜保温。根据当地气候条件，早稻要搭拱棚，中晚稻要覆盖农膜加盖稻草进行控温育秧。

立苗炼苗。立苗期保温保湿，快出芽，出齐苗。一般温度控制在 30℃，超过 35℃时，应揭膜降温。相对湿度保持在 80% 以上。遇到大雨，及时排水，避免苗床积水。一般在秧苗出土 2cm 左右，揭膜炼苗。揭膜原则：先揭开箱两头薄膜，后全部逐渐揭，晴天傍晚揭，阴天上午揭，小雨雨前揭，大雨雨后揭。日平均气温低于 12℃时，不宜揭膜。温室育秧炼苗温度，白天控制在 20 ～ 25℃。超过 25℃通风降温；晚上低于 12℃，盖膜护苗。

适时追肥。根据苗情及时追肥断奶肥和送嫁肥，要在 1 叶 1 心时施断奶肥，在移栽前的 3 ～ 5d 实施送嫁肥。

控水管理。前期保湿保温，后期必须进行控水管理。秧苗 3 叶期以前，保持盘土或床土湿润不发白，移栽前控水，促进秧苗盘根。

秧苗标准。适宜机械化插秧的秧苗应达到根须发达。苗高适宜、茎部粗壮、叶挺色绿、均匀整齐的标准。即叶龄 3 叶 1 心，苗高 15 ～ 18cm，茎基宽不小于 2mm，根数 12 ～ 15 条 / 苗。

（二）机械化插秧

精细整田。机插水稻要求田面平整，高低不过寸（3.3cm）；田面整洁，无杂草杂物。沉实土壤。整田后保持水层 2 ～ 3d，进行适度沉实和病害的防治，做到上细下粗、细而不糊、上烂下实、泥浆沉实、水层适中。切记不宜现整现插，一般沙质性田沉实 1d，黏性土质则应沉实 2 ～ 3d。

适龄栽插。早稻秧龄应控制在 20 ～ 25d，叶龄宜为 4 叶 1 心；中晚稻应控制在 20d 以内，叶龄为 3 叶 1 心至 4 叶 1 心。栽插前秧块床土含量 40% 左右（用手指按住底土，以能够稍微按进去为适宜），秧苗起盘后小心卷起，运至田头应随即卸下平放，使秧苗自然舒展；并做到随起随运随插，避免烈日伤苗。

控制苗数。机插秧行距 30cm，穴距 13.1cm，每苗插 1.6 万穴，杂交稻每穴应插 2 ～ 3 苗；常规稻每穴应保持在 5 ～ 6 株苗。机插秧应达到不漂不倒，深浅适宜。全漂率、翻倒率小于 4%，薄水栽秧、浅水活棵，插完覆寸（3.3cm）水，切忌水淹过秧心。一般插秧深度在 0.5 ～ 7cm。

（三）大田管理

根据机插水稻的生长发育规律，采取相应的肥水管理技术措施，促进秧苗早发稳长和低节位分蘖，提高分蘖成穗率，争取足穗大穗。

巧施蘖肥。肥料种类和施肥量与当地的人工栽插相似。基肥为有机肥与无机肥结合施用，分蘖肥应分两次施用，使肥效和最适分蘖发生期同步，促进有效分蘖，确保形成适宜穗数控制无效分蘖，利于形成大穗，提高肥料利用率。栽插后的 5 ～ 7d，适宜返青分蘖肥；栽后 15d 左右再施 1 次分蘖肥促进平衡。

适时晒田。当总茎蘖苗达到目标成穗数的 80% 时开始晒田，控制无效分蘖，改善通风透光条件，提高群体质量，保证低位分蘖成大穗。

适时管水。栽后及时灌浅水护苗活棵，栽后 2 ～ 7d 间歇灌溉，扎根立苗。活棵分蘖期浅水勤灌，促根促蘖；有效分蘖临界叶龄期及时晒田，以

"轻晒勤晒"为主；拔节孕穗期保持 10 ～ 15d 浅水层，其他时间采用间歇湿润灌溉；抽穗扬花期保持浅水层；灌浆结实期保持干湿交替，防止断水太早。

化学除草。在施返青肥时使用小苗除草剂进行化除，施后保持一定水层 5 ～ 7d，同时开好平水阀，以防雨水淹没秧心，造成药僵甚至药害，并注意二次化除。

三、水稻超高产栽培技术

育种和栽培犹如两个轮子，推动着水稻单产的提高。水稻的矮秆化和三系杂交稻配套，促进了水稻单产的两次突破，但之后水稻单产又出现了徘徊局面，于是开始了水稻超高产研究。水稻超高产栽培于 1986 年由颜振德提出。水稻超高产的具体指标，目前尚无统一的意见。日本提出的指标是单位面积产量超过对照品种秋光 50%。国际水稻所提出的指标是稻谷产量潜力达到 $12t/hm^2$。中国农业农村部对超高产的定义：2000 年水稻单产稳定实现 9 ～ $10t/hm^2$，2005 年突破 $12t/hm^2$，2015 年达到 $13.5t/hm^2$。袁隆平院士提出每公顷稻田日产稻谷 100kg 或 100kg 以上的日产量指标。考虑到生育期的长短、生态地区和种植季节的不同对水稻产量的影响较大，超高产的指标是相对的，不是绝对的，应根据基础条件分不同档次去逐步实现。从栽培角度上讲，只要大面积生产中比现有主栽品种增产 15% 以上都可以认为是超高产。凡达到所制定产量指标或增产幅度的栽培技术就是水稻超高产栽培。水稻超高产栽培的根本任务就是根据现有超高产品种的特征特性和具体生产条件最大限度地协调水稻生产中的各种问题和矛盾，充分发挥其种性优势和增产潜力，在现有的高产基础上进一步提高产量水平，同时尽可能地降低生产成本，实现高产水平上的高效益。

水稻要稳定实现超高产栽培必须走精确定量栽培的路子，优化和提高群体质量是水稻超高产栽培的关键。高质量的群体要求以形成抗倒伏的高光效群体结构为支撑，用适量大穗扩大群体库容，提高生育后期物质生产力，促进库容的有效充实。

（一）品种选择

超高产水稻具有特殊的生育特性，产量的高低主要受品种本身遗传特性和栽培环境的共同影响，适宜的生态环境有利于品种超高产潜力的发挥。

具有超高产潜力的品种应遵循以下标准：选择可确保安全成熟、生育期长且与季节进程优化同步的品种；选择穗粒（包括粒重较大）协调的大穗型品种；选用株高适中、株型较紧凑、叶片挺立、抗倒伏、抗病害（特别是抗条纹叶枯病、黑条矮缩病、稻瘟病等）的高效品种。

当前水稻的超高产栽培在产量构成上，主要是在足穗的基础上主攻大穗，努力增加每穗总粒数，降低空秕粒，增加千粒重。提高结实率和粒重的主要途径，一是必须保持稻株营养群体结构与穗粒群体结构的最佳适宜度；二是掌握最适宜的季节，防止自然因素（如高、低温）的影响。大穗型水稻超高产群体结构为有效穗 240 万～ 270 万 /hm^2，颖花数 6 亿朵 /hm^2 以上，适宜叶面积指数 8.5 左右，粒叶比为 0.70 粒 /cm^2，结实率 85%～ 90%，千粒重 27～ 28g，收获指数 0.51～ 0.55。超高产水稻品种应具有分蘖力适中、根系发达、光合生产率高、源库协调、耐肥抗病等特点。选择分蘖力适中的偏大穗超高产水稻品种，不仅易形成单位面积内超高产所需的颖花数，而且穴内分蘖之间不相互拥挤，成穗率高，茎秆粗壮，为后期攻大穗打下基础，同时又提高了后期的抗倒伏能力；根系发达、活力强的超高产水稻品种，根系生物量大，深层根系比例高，具有较强的吸水、吸肥、抗旱和耐早衰能力，可有力地促进水稻的生长发育，延缓叶片的衰老，增加抽穗至成熟期的群体光合积累量，进而提高水稻产量。超高产水稻品种具有较适宜的粒叶比，一般为 0.70～ 0.75 个颖花 /cm^2，能够较好地协调源库关系，可在不增加叶面积指数的前提下加大库容量，为提高经济系数创造条件；超高产水稻品种群体冠层结构合理、基节短、茎充实，耐肥抗病。

（二）培育壮秧

壮秧是塑造高光效群体的前提。实践表明，即使选用了超级稻品种，并确定了最佳播期，若培育不出壮秧，要实现超高产是根本不可能的。生产上一般可通过"旱育、稀播、足肥、喷施多效唑"等措施，培育出地上部和地下部协调生长的标准壮秧。壮秧插后早生快发，可为形成足穗、大穗奠定基础。

（三）确定基本苗

基本苗是群体的起点，确定合理的基本苗数是建立高光效群体的一个极为重要的环节。基本苗过少，穗数不足，产量难以突破；基本苗过多，群体过大，个体素质下降，也难以取得高产。

（四）精确施肥

精确施肥是指根据实现目标产量的需肥量、土壤养分供应情况和肥料利用率，补充当季水稻对肥料的需求。在确定总量的基础上，考虑到水稻各生育期对养分的吸收量不同，还要确定各养分的合理比例及其施用时机。做到：有机肥与无机肥搭配；稳氮，增加磷钾肥，N、P_2O_5、K_2O用量比为$1.00:0.45:1.20$；调整基蘖肥与穗肥的比例，较大幅度地实施前肥后移，增加后期穗粒肥的比例。一般基蘖肥与穗肥比例中小苗移栽的（7叶龄以下）为$6:4\sim5:5$，中大苗移栽的为$5:5\sim4:6$。前期基蘖肥用量以确保群体早发，在有效分蘖临界叶龄期达穗数苗，并确保无效分蘖期叶色自然褪淡。增加后期穗粒肥比例，既有利于大穗的形成，又不会造成群体过大，降低成穗率，相反能促进功能叶的生长，有利于结实率、千粒重的提高。氮肥基蘖肥中，基肥占70%，蘖肥占30%，在移栽后一个叶龄施用；穗肥分两次，促花肥于倒4叶期施用，占70%，保花肥于倒2叶期施用，占30%。磷肥全部作基肥施用，钾肥作基肥和拔节肥各占50%。

（五）水分管理

水分定量调控，前期以控制无效分蘖发生、提高茎蘖成穗率为重点，中后期以全面提高群体质量、增强结实群体光合生产率为目的。①提早搁田。②拔节期至成熟期实行湿润灌溉，干干湿湿。保持土壤湿润、板实，满足水稻生理需水，增强根系活力，提高群体中后期光合生产积累能力，是提高结实率和千粒重的关键技术之一。

（六）病虫草害防治

移栽返青后，用灭草威、稻田净、克草威等除草剂防除杂草。病虫害以预防为主，综合防治。一是通过选择抗病品种，适当稀植，合理施肥与灌水等方法，建立适宜的群体结构，提高水稻抗性；二是利用生物农药、化学农药，加强对条纹叶枯病、稻瘟病、纹枯病、稻曲病以及稻纵卷叶螟、稻飞虱、二化螟等的防治。

水稻超高产必须建立在品种、措施、环境三者高度协调统一的基础上，只注意品种、措施的改进，而忽视土壤环境（培肥地力）的改善，品种（组合）的超高产潜力也难以发挥。因此，为适应水稻超高产栽培的要求，易俊良等认为，将注意力转向改善土壤环境很有必要。

四、水稻轻简化栽培技术

水稻轻简化栽培技术最核心的优势在于，把传统水稻种植育秧阶段的"耕田—施肥—耙田—平整秧田—播种—盖膜"和本田移栽阶段的"整田—耙田—施肥—起苗—运苗—人工移栽"12道工序，简化为"耕田（秸秆还田）—施肥旋耕平田开沟播种"两道工序。该模式是以直播稻技术为核心，可以极大地降低水稻前期在人工、农机等的投入成本，具有较高的种植效益。

（一）田块耕整

直播水稻要求整田质量特别高，田面平整与否是决定直播水稻成败的关键。田面不平，高的地方种子受旱，不能出苗，且除草效果差；低洼地方闷种烂芽，而且容易造成水淹心叶导致除草剂苗草同杀。因此，把好整田关很关键。一定要在"平"字上下功夫，做到精耕细整，开好围沟，每隔3m左右开一条厢沟，达到田面高低不过寸，寸水不现泥，厢面软硬适中，排水后无渍水。

（二）适期播种

播种期：选用黄科占8号、隆稻3号直播，播期建议在6月10日左右，节优 804 建议在 5 月 25 日左右播种，可避过扬花授粉期、灌浆期高温，确保品质。播种量：标准亩（667m²）黄科占 8 号用种 4 ~ 5kg；隆稻 3 号用种 6 ~ 7kg，节优 804 用种 2kg 左右；播量过小基本苗不足，播量过大造成田间过于密闭，加重纹枯病、稻飞虱的发生，容易引起倒伏。

种子处理与催芽：播前晒种 1 ~ 2d；用强氯精浸种（1 袋种子 1 袋强氯精 3g，种子袋里带有强氯精）10 ~ 12h，强氯精浸完种后洗净，采取日浸夜露的方式催芽，待种子破胸露白后即可播种，要用防虫防病防鸟害的"优拌"等拌种。

播种方法。

①为了确保播种均匀，最好分两次播种，先稀后补，第一次播 70% 的芽谷，第二次 30% 芽谷补稀补漏，有条件的可使用无人机直播。

②播种时注意三点，一是风大时不播，以免谷粒落泥不匀，增加移密补稀的难度；二是如果播后第二天下大雨，应将放水口降一半做成平水口，防暴雨冲刷，暴雨过后立即将水放干露芽；三是播种时厢面上薄皮水或平沟水，自然落干，湿润管理促扎根，忌明水淹苗，提高成苗率。在播种后 20d 要及时进行田间查苗补苗工作，移密补稀，使稻株分布均匀，个体生长平衡。

（三）化学除草

该技术一定要加强该环节的质量，提前防治，避免田间出现草害。主要是"一封二杀三补"。"一封"最关键，技术实施得当可以管控住全田 80% 的草害，芽前封闭除草一般在种子直播后 3d 内施药，施药一定要均匀，要全田覆盖。"二杀"就是杀灭余草，一般 3 叶 1 心期；以补杀千金子、稗草为主，选择对口药剂，看草选药，如以稗草为主要选用除稗草的除草剂；药后要保持 5 ~ 7d 的水层。这两次除草一般基本能够解决水稻生产中草害问题。"三补"就是，在水稻分蘖盛期，局部杂草过多时，一般以人工拔除为主，这个时候尽量不采取化学农药除草。

（四）合理施肥

直播水稻施肥总的原则是：底肥要足，少量多次，氮、磷、钾配合施用。底肥每亩施足含量 45% 三元复合肥 30 ~ 50kg（根据土壤肥力确定）于整田时施下，全层深施，使肥料均匀分布在 20cm 左右的耕作层，这样可诱使稻根下扎，增强抗倒性。追肥：一是早施断奶肥，秧苗长至 2 叶 1 心时，亩施尿素 4～5kg；二是重施促蘖肥，秧苗长至 5～6 叶期，亩施尿素 7.5～10kg；三是巧施穗肥，晒田复水后（7～8 叶期）亩追氯化钾 7.5～10kg；四是后期搞好叶面肥喷施，齐穗后用 0.2% 磷酸二氢钾和 1% 的尿素混合液进行叶面喷肥 2～3 次，提高结实率和千粒重。

（五）科学管水

直播水稻的管水必须坚持芽期湿润，苗期薄水，分蘖前期间歇灌溉，分蘖中后期够苗晒田，孕穗抽穗期灌寸水，壮籽期干干湿湿灌溉的原则。具体掌握：播种至 3 叶前不轻易灌水，保持土壤湿润直至田面有细裂缝，这样既有利于引根深扎，又有利于秧苗早发快长，如果厢面出现丝裂，则可在傍晚或清晨灌跑马水；3 叶期至分蘖末期间歇灌溉，分蘖中后期及时晒田。晒田标准：掌握播后 1 个月（7～8 片叶）开始晒或苗数每平方尺 28～30 苗（每亩16 万～18 万苗）及时排水晒田，做到时到不等苗，苗到不等时。由于直播稻根系分布浅，一定要适当重晒，促进根系下扎，防止倒伏；后期干干湿湿至成熟。

（六）及时防治病虫害

直播水稻苗多，封行早，田间较荫蔽，病虫发生率较高，必须及时进行综合防治。苗期主要防好稻蓟马、稻象甲和苗稻瘟；中、后期重点防好二化螟、三化螟、稻纵卷叶螟、稻飞虱、稻瘟病、纹枯病和稻曲病；具体病虫防治上在当地农业技术部门指导下进行，这里重点强调在晒田复水后至孕穗用井冈霉素喷施 2 次防好纹枯病、兼防稻曲病；齐穗时再补喷 1 次井冈霉素或爱苗，预防稻曲病，确保丰产丰收。

（七）直播稻田减肥减药苗情促控技术

由基础水稻轻简化栽培技术还发展出了直播稻田减肥减药苗情促控技术。该技术根据直播稻的生长发育规律和生长环境条件，采取相应的肥水管理技术措施，促进秧苗早发稳长和低节位分蘖，控制杂草、提高成穗率和优质稻米品质。

1. 减肥增效技术

重点示范推广"绿肥＋有机肥＋少量化肥"减肥增效技术，用50% 有机肥替代化肥，在保证水稻高产的同时，能显著增加水稻氮素累积量，提高氮肥吸收利用率，同时保证优质稻米良好口感。根据土壤养分检测情况确定合适的施肥量与施肥类型。基肥为有机肥与无机肥结合施用，汕菜（草籽）作绿肥田块推荐用量为有机肥 50kg+12.5 kg 复合肥。4 ～ 5 叶期时每亩追施 5kg 尿素作为促蘖肥，晒田复水后看苗追施少量复合肥。

2. 减药除草技术

直播水稻田杂草的综合防治需以化学防治为主，结合适当的播种密度（4kg 左右／亩）和较好的人工水分管理措施，能够有效防控直播田间杂草的发生危害。化学除草重点示范推广"前封后杀"及"除草剂＋助剂"配方，可以减少50% 除草剂用量。播种后 3 ～ 5d（种子根须已扎入土中），及时喷施土壤封闭剂，遇连阴雨天气，推迟用药。每亩用 40% 苄嘧·丙草胺可湿性粉剂 30g+10g 助剂兑水 20kg 均匀喷雾，可有效控制稗草、千金子、莎草和阔叶杂草的萌发，降低杂草的基数。施药时土表呈湿润状态，药后 1d 可灌薄水。4 叶期后，根据杂草种类、草龄选择对口药剂和剂量。五氟磺草胺或二氯喹啉酸＋吡嘧磺隆可防除苗后绝大多数的杂草。千金子严重的田块，可选用氰氟草酯。抗性稗草、莎草、双穗雀稗，可选用双草醚。

3. 管水控苗技术

一是适当延长前期间歇灌溉时间，促进根系下扎，从播种到 3 叶期要求控水保苗，封闭出苗后灌浅水并及时排干，这样有利于根系深扎，保持厢面湿润，但如果厢面出现丝裂，则可在傍晚或清晨灌跑马水。二是超前晒田，由于直播稻分蘖节位入土浅，分蘖节位多，发苗势强，高峰苗数多且出现早。因此，晒田应提前进行，当苗数达到 20 万左右时开始轻晒田，晒到表土脚踏有印而不陷，再复水；次日自然落干后再晒，反复进行多次，使中后期田土表层硬实。三是后期管水，田间保持干干湿湿，以湿为主。增强根系活力，防止早衰。不宜断水过早，一般在收获前 7d 断水。

五、双季稻机械化双直播栽培技术

双季双直播栽培技术是指在一年内分别种植早稻和晚稻，并且采用直播方式进行栽培。双季稻栽培技术中，与早直晚抛、双季机插相比，这种种植方式可以充分利用资源，加快农田的周转速度，提高土地利用率和产量，是一种高效的轻简化农业种植模式。双季双直播栽培技术还可以有效控制病虫害，减少化肥农药的使用，降低成本，提高经济效益。

发展双季稻能够稳定水稻播种面积，提高水稻产能；更加充分地利用土地和温光资源；还能减少一季灾害造成的全年损失。对于保障国家粮食安全具有重要意义。近几年，党中央和国务院密集出台了相关政策，鼓励恢复发展双季稻生产，2022 年湖北省一号文件第一条就指出，要挖掘双季稻扩面积增产量的潜力，为双季稻的发展创造了良好的政策条件。据统计，种植双季稻比一季稻有 300kg/ 亩左右的增产潜力。如在湖北省双季稻适宜区，还有600 多万亩可以种植双季稻，如果有 1/3 恢复发展双季稻，可增产水稻 6.5 亿kg，总产量将提高 3.6%，相当于 3 个中等水稻生产县的产量。

以机械直播技术为主体的双季稻双直播技术，配套三控杂草技术、扬晚抑早技术、早发促熟技术、秸秆还田技术、周年养分运筹技术，可以最大化双季稻双直播模式的产量潜力，扬长避短，既有利于推广"双季稻双直播"技术，也有利于恢复和发展全省双季稻种植面积，提高水稻总产量，在保障粮食安全的同时，实现农业增效、农民增收。

（一）双季稻双直播应该注意的关键问题

双季稻双直播不用常规的移栽模式，种植节奏紧凑，对田间管理提出较高的要求，在进行早晚稻直播时，应该注意以下问题。

1. 保证水稻能安全抽穗结实

双季晚稻的安全齐穗期在 9 月 20 日左右，抽穗过晚容易遇到寒露风（气温连续 3d 低于 22℃），虽然近几年受全球变暖影响，秋季气温有所提高，但播种过晚不利于高产稳产，可能出现灌浆不饱满、减产。

2.落粒谷问题

早晚双季水稻直播，种植季节比较紧张，没有足够的沤田时间，早稻收割过程中掉落的稻谷会同直播的稻种一起发芽生长，若非同一品种则会形成杂稻，一般掺杂率10%～20%，因生育期、株高、抗性和米质有差异，既影响水稻产量，又影响米质。

3.不利于提升米质

双季晚稻直播因品种选择受限，大多利用早稻品种翻秋，或者选用晚稻短生育期品种早播，品种一般产量低，米质不优。当前发展优质稻是方向，米质不足意味着粮价一般，不便于卖粮。

4.杂草难防问题

双季晚稻是在高温天气下播种、出苗生长，田间杂草萌发快，生长迅速，抗性稗草（如青稗、海绵稗）、千金子等恶性杂草容易大量发生，杂草防除成了直播栽培的一大难题。

（二）双季晚稻直播栽培关键技术

1.搞好早、晚稻品种搭配

品种搭配要考虑生育期、产量、抗性等特征特性，一般选择早中熟品种，同时建议早、晚稻选择种植同一个品种或株型相似的品种，有效解决落地谷问题。早稻宜选择生育期为105d左右（或短于105d）的品种，晚稻选择115d以内的特早熟品种或用早稻品种翻秋（如中嘉早17、中早39、冈早籼11号或其他杂交早稻品种）。

2.土壤准备

在进行双季双直播栽培时，首先要对土壤进行准备。在早稻收割后，应及时清理农田，去除秸秆和残茬，犁地耙地，保持土壤松软。田块整备时，一定要保证单一田块平整、无落差，方便进行田间水分和草害管理，有利于提高早、晚稻播种后的成苗率，促进早、晚稻的播种生长。还要进行田间杂草的清理，保持良好的作物长势。

3.适期播种

在双季双直播栽培中，播种方式是关键之一。双季早稻宜抓住冷尾暖头适时早播，实现早播早收，在4月下旬至5月初，应采用直播方式进行早稻播种。播种密度要适当。在浇水后，还要及时覆土，保持土壤湿润。晚稻的播种时间为6月至7月初，同样应采用直播方式，播种密度也要适当。晚稻宜在7月15日前后播种，早稻抢收后及时整平稻田播种，若是用早稻品种翻秋，特别是早熟品种，可以播至7月底。播种前要做好种子处理，用咪鲜胺、强氯精浸种，晚稻种子露白即可直播。播种方式可以是人工撒播、机直播。

根据播种的品种、播种时间确定适宜的播种量，一般双季晚稻用杂交稻品种，播种量控制在3～4斤/亩（1斤=500g），常规稻用种8～10斤/亩，早播少用种，晚播多用种。

4. 杂草防除

抗性稗草（青稗、海绵稗）、千金子是直播稻田中的主要优势杂草，尤其是双季早稻稗草大发生且未防除干净的田块，双季晚稻直播田除草要从做好封闭处理开始。

建议按照"一封二杀三补"或"两封一补"的原则控制杂草。重视封闭，可以在播种前2～3d灌浅水，施用丁草胺，再保持水层2～3d后排水。或者在播种后的1～5d采用丙·卞或丁·卞进行封闭除草。在水稻2叶1心左右用五氟磺草胺、氰氟草酯进行茎叶处理，可加入含安全剂的丙草胺，再次封闭。

二杀要打早打小，一般在3叶1心前开始防除，要针对当地的杂草抗性水平选择合适的方案，水直播主要是针对抗性稗草，建议使用噁唑·氰氟进行防治，针对不同区域可搭配氰氟草酯一起防治，注意田间保水效果更好。

三补是对特别的遗留抗性杂草可在最后使用速效性触杀型除草剂补除，补除时采取局部点喷的方式，可采用敌稗·二氯·氰氟复配制剂进行防治。

按照"一封二杀三补"的思路去防除直播田杂草，可做到降低前期基数，针对性防除，最大化降低杂草对水稻生长的影响。在化学除草的同时还可以在播种时适当增加密度，以密控草。其中值得注意的是，使用茎叶除草剂要注意先排水后回水；配药时要控制好使用浓度，宜喷匀喷透；除氰氟草酯、五氟磺草胺等安全性较高的药剂外，其他除草剂不宜重喷复喷。

5. 预防倒伏

预防倒伏要注意以下几点。

一是要选好品种，品种的抗倒性很重要，有些品种本身株高秆弱不抗倒伏。二是插秧前整地不能过烂，尽量浅旋。三是底肥尽量深施，可采用机械直播侧深施肥技术，促进根系下扎。同时减少氮肥用量，可以结合增密减氮技术，调大播量、减少用肥。要注意稳磷、增钾和补施硫、硅、锌等中微量元素，提高植株抗倒伏能力。四是加强水分管理，注意适时晒田。

6. 加强田间管理

水稻直播栽培与移栽、抛秧稻的大田施肥方法、用肥量基本相似，按"重施基肥、早施分蘖肥（秧苗4叶1心期左右），巧施穗肥"原则进行；水分管理除播种后保持一段时间湿润外，注意田间出现开裂要灌跑马水润田，进入2叶1心期后按正常水分管理，按"浅水分蘖、多次轻搁、间歇灌溉"原则进行，成熟期避免过早断水。

双季晚稻重点防治的病虫害主要是"三虫三病"，即稻纵卷叶螟、稻飞虱、二化螟、稻瘟病、纹枯病、稻曲病。宜根据当地病虫害发生情况，在水稻关键生育期（分蘖末期、破口期）用药防治。虫害（二化螟、纵卷叶螟、稻飞虱）发生偏重的年份，种植户要引起重视、提前防治。

最后，适期收获，晚稻一般在水稻90%以上的实粒黄熟时抢晴收割，割后及时晾晒，将水分控制在13%～14.5%。

六、稻油轮作周年机械化直播栽培技术

水稻油菜轮作模式是一个传统的种植模式。加强稻油周年栽培技术的研究和集成，能为保障粮食安全和食用油的供应做出巨大的贡献。油稻模式是在种完一季中稻之后再种一季油菜，这种模式能够提高稻田的复种指数、提高土地的利用率、增加农户的收入，通过水旱轮作还可以增加有机质的含量、改善土壤环境。但是，水稻、油菜两季的种植也增加了劳动强度。为了提高水稻、油菜轮作的机械化、轻简化水平，形成水稻油菜轮作周年机械化直播栽培技术，可以在减少劳动力投入的同时，确保两季的产量和收益。

（一）栽培技术要点

这项技术主要关注几点。首先是要选好种，水稻品种选择抗性强、增产潜力大、生育期适中的优质品种。油菜品种选择抗倒伏强、抗裂角、株型紧凑、花期较集中、双低、适合机械化收获的品种。

其次是要播好种，水稻直播播种时间在5月底之前，播种之前要浸种，一般常规稻浸种36h、杂交稻24h，种子破胸露白后摊开晾干水分，以手抓不粘为准，然后拌药播种。直播机播种要求破胸露白率达90%以上，无人机直播只要破胸露白就可以了。杂交稻每亩播1～1.5kg，常规稻每亩播3～4kg。油菜播种时间要在10月中上旬，油菜直播机播种的，在200～250g；无人机直播油菜飞行高度2m左右，播量300～400g。干旱年份播期延迟，相应增加用种量，但是最晚不晚于10月31日，播量不超过500g。有条件的地方可以"种肥药机"一体化联合播种。水稻品种生育期较长的，可以采用免耕飞播或者无人机谷林套播。

再次就是要管好田。施肥管理推荐用当地测土配方施肥技术，油菜季注意用含Mg、S等元素的专用配方肥。水稻注意不能长期漫灌，要干湿交替管理，同时要及时晒田，防止后期倒伏。成熟期不能断水过早，在收获前7～10d断水比较合适。油菜田前期要做好厢沟，遇到干旱年份，可采用沟水渗厢的方式灌溉。

最后要减少机械收获损失。水稻当在稻谷95%左右黄熟时即可抢晴收割，过早或过迟收获造成脱粒清选损失或割台损失增加。中低产田油菜，亩产量在300斤以下的，可在油菜超过九成熟时，采用油菜联合收割机一次性进行收割。油菜高产田、茬口紧张田块可采用分段收获。

（二）栽培技术注意事项

这项技术适用于湖北省稻油两熟区，包括鄂东南、江汉平原大部分地区，以及鄂中北襄阳、随州等地。采用这些技术的时候要特别注意以下几点。

（1）水稻直播前，田块要整平，高低落差不超过3cm，可以采用"旱整水播"的方式，就是先机械旱耕、旱耙，然后灌水泡田，再耙平播种。

（2）播种要尽量均匀，无人机播种的时候要避免在大风天气进行。当水稻秧苗长至5～6叶时，对于缺苗地块可适当移密补稀，使田间秧苗基本均匀。

（3）直播水稻要注意田间草害防治，尤其是注意封闭除草。在水稻后期干湿交替，切忌断水过早，防止早衰。

（4）油菜播种前要开好厢沟、腰沟、围沟三沟，做到三沟相通。中后期要注意清沟排渍，降低田间湿度。虽然直播稻用种量稍微大一点，但是采用机械化直播技术，减少水稻育秧环节，每亩可以节省种植成本 100 ～ 150 元。

现在国家扶持种植油菜，算上种子等补贴，按照菜籽 5 元 /kg 算，这样每亩的收益可达到 500 元以上。

（三）水稻栽培技术

油菜收获后，灌水泡田，旋耕机深旋 15 ～ 20cm，然后耙田、耢平、沉田。水稻直播播种时间在 5 月底之前，浸种 2d。穴直播机播种要求破胸露白率达 90% 以上，芽长不超过 2mm，穴距为 14 ～ 16cm；无人机直播要求破胸露白即可，播种时应严格控制作业飞行高度和抛撒均匀度，避免在大风天气播种。杂交稻每亩 1 ～ 1.5kg，常规稻每亩 2.5 ～ 3kg。推荐采用测土配方施肥技术，氮肥按照 5：3：2 施入（基肥：蘖肥：穗肥），磷肥作基肥一次性施入，钾肥按照基肥和穗肥各一半施入，可采用机直播侧深施肥技术进行基肥深施。运用绿色防控技术，无人机喷洒农药，及时防治病虫害。晒田复水后，干湿交替灌溉，抽穗期保持适当水层，收割前 10d 排水，自然落干。联合收割机收获，秸秆粉碎均匀抛撒，秸秆长度不超过 10cm，留茬高度不高于 18cm。

（四）油菜栽培技术

水稻收获时，秸秆粉碎还田，收获后及时旋耕，开沟。播种时间不迟于 10 月 31 日，采用油菜直播机播种，播种行距 30cm，播量 300 ～ 350g；无人机直播油菜飞行高度 3m 左右，播量 500 ～ 600g。大田每亩施底肥纯氮 9.6 ～ 10.8kg，五氧化二磷 6 ～ 7kg，氧化钾 3.0 ～ 3.5kg。开盘肥施用纯氮 3.2 ～ 3.6kg，氧化钾 3.0 ～ 3.5kg。薹肥施用纯氮 3.2 ～ 3.6kg。油菜播种后，保持土壤湿润状态，缺水时及时补水，苗期注意排水，花期和荚果期视土壤墒情灌溉 1 ～ 2 次。运用绿色防控技术，无人机喷洒农药，及时防治病虫害。95% 成熟时，采用联合收割机直接收获，秸秆粉碎还田，留茬高度不高于 30cm。

七、稻麦周年机械化优质丰产增效技术

稻麦周年栽培是指在同一块土地上连续种植水稻和小麦两个作物，即在一年内完成两茬作物的种植。首先，提高土地利用效率。稻麦周年栽培可以在同一块土地上连续种植水稻和小麦，通过合理的轮作安排和农事管理，可以实现两个作物的高产高效。其次，增加农田产量。稻麦周年栽培有效地增加了农田的产量。水稻和小麦具有不同的生长特点和生育期，能够互补利用土壤和水资源，提高总体产量。再次，优化农业生产结构。稻麦周年栽培可以调整农业生产结构，使农田的种植作物更加多样化，降低单一作物的风险，可以实现农业生产的多元化和稳定性。然后，节约资源和环保。稻麦周年栽培可以节约土地、水资源和劳动力的利用。通过轮作和合理的农事管理，可以减少病虫害发生的风险，降低化肥和农药的使用量，实现农业生产的可持续发展。最后，提高经济效益。稻麦周年栽培增加农民的经济收益。通过调整种植结构和技术创新，可以降低生产成本，提高农业生产效益，增加农民的收入。

传统水稻种植模式劳动成本高、肥料用量大、培育壮秧难，秧苗素质低、根系盘结力不高，不利于机械插秧，麦茬稻全程机械化育插秧栽培技术是保证秧苗素质、提高肥料利用效率、稳定产量的重要途径之一。选用生育期适宜、环境适应性强的优质品种，集成工厂化育秧、机插同步侧深施肥等技术，配合精准的肥水管理等措施，可以降低农业生产劳动成本，提高水稻种植和施肥环节机械化水平，增加肥水利用效率，有效推动施肥方式转变、充分利用温光资源，实现水稻生产节本丰产增效。一是生态环境效益好。该技术可提高肥料利用率13.5%，光热资源提高15.2%，有效减轻资源与环境压力。二是产量稳定。该技术适合水稻规模化经营，水稻群体构建合理，提高了成苗率和抗倒伏能力，增产潜力大，每亩可增收295元，提高农民种植收益。

（一）栽培技术要点

1.品种选择

稻麦周年栽培中，小麦残留物可能对水稻生长造成阻碍，因此选择抗倒伏性强的水稻品种可以减少倒伏风险，确保良好的生长和产量。针对当地常见的水稻病虫害，选择具有较高抗病虫害性的水稻品种，能够减少病虫害对水稻的损害。其次，对小麦品种的选择要求。选择中矮型的小麦品种，有利于与水稻搭配种植，减少小麦在水稻生长期间的竞争，避免小麦被水稻遮阴而影响产量。同时要选择抗倒伏性强的小麦品种，能够减少倒伏风险，确保小麦的良好生长和产量。针对当地常见的小麦病虫害，选择具有较高抗病虫害性的小麦品种，能够减少病虫害对小麦的损害。

此外，还需要根据当地的气候条件、土壤类型和种植管理水平进行综合考虑，选择适应性强、产量稳定的水稻和小麦品种。

2. 日期选择

在稻麦周年栽培模式下，水稻和小麦的播种日期选择是十分重要的，它会直接影响两个作物的生长发育和产量。

首先，水稻播种日期选择。水稻播种时间一般在5月中下旬，具体播种日期应根据当地的气候条件、土壤温度和水稻品种特性来确定。通常情况下，水稻的播种时间应在土壤温度达到适宜生长的范围内进行，一般为15～20℃。过早的播种可能会导致水稻遭受寒害或病虫害的风险增加，因此需要避免过早播种。过晚的播种可能会导致水稻生育期延长，与小麦的生长期重叠，影响小麦的正常生长和产量。

其次，小麦播种日期选择。小麦播种的时间一般在秋季，具体播种日期应根据当地的气候条件、土壤温度和小麦品种特性来确定。

一般情况下，小麦的播种时间应在土壤温度适宜生长的范围内进行，一般为10～15℃。过早的播种可能会导致小麦生长过快，与水稻的收获期重叠，影响水稻的正常生长和产量。过晚的播种可能会导致小麦生育期延长，与水稻的生长期重叠，影响水稻的正常生长。

（二）水稻栽培技术

床土准备。采集质地疏松、无硬杂质的肥沃菜园土或稻田表土，适时翻晒、粉碎并过筛，播种前消毒、堆闷，杀灭病菌。

品种选择。选择增产潜力大、耐肥抗倒伏、株型紧凑、生育期适中，适合机械化栽插的品种，如荃优丝苗、隆两优1377、隆两优534等，播前晒种

1～2d。

种子处理。种子包衣或药剂浸种，杂交种浸15～18h、常规种浸22～24h后催芽，破胸种子摊开炼芽6～12h。杂交稻每盘播干谷70～80g，常规稻90～120g，秧龄15～22d。

叠盘暗化。暗化叠盘高度不超过10个，暗化时间48h。

苗期管理。控制温度，及时通风炼苗，适时防病、补水。幼芽顶出土面后，棚内地表温度控制在35℃以下，超过35℃时，揭开苗床两头通风降温，如床土发白、秧苗卷叶，喷水淋湿。在秧苗2叶1心或3叶1心可采用调控剂在下午4时进行叶面均匀喷洒，进行化学调控。

秧苗准备。秧盘起秧时，先拉断穿过盘底渗水孔的少量根系，连盘带秧一并提起，再平放，然后小心卷苗脱盘，提倡采用秧苗托盘及运秧架运秧。秧苗运至田头时应随即卸下平放，使秧苗自然舒展，做到随起随运随插，尽量减少秧块搬动次数，避免运送过程中挤、压伤秧苗、秧块变形及折断秧苗。运到田间的待插秧苗，严防烈日照晒伤苗，应采取遮阴措施防止秧苗失水枯萎。

机械插秧同步侧深施肥。一般常规稻要求亩插18～20个育秧盘的秧苗，每亩大田栽插基本苗1.5万～1.8万穴（每穴苗数3～5株）；杂交稻要求亩插15～16个育秧盘的秧苗，每亩大田栽插基本苗1.5万～1.8万穴（每穴苗数1～3株）。机插要求插苗均匀，深浅一致，一般漏插率≤5%，伤秧率≤4%，漂秧率≤3%，插秧深度在1～2cm，以浅栽为宜，有利于提高低节位分蘖。基肥肥料选用缓释肥，采用机插秧同步侧深施肥，按照基蘖肥：穗肥＝8：2的比例施入，肥料要求颗粒均匀、表面光滑，粒径2～5mm，颗粒强度＞40N，手捏不碎、吸湿少、不粘、不结块，吸湿率＜5%。

水分管理。根据不同时期的需水情况实施晒田，及时补水，抽穗后最好是薄水勤灌，水层尽量保持在2～3cm，干湿交替灌溉，收获前7～10d断水。

适时收获。当95%以上籽粒黄熟时抢晴收割，及时晒干入库。

（三）小麦栽培技术

在稻麦周年栽培模式下，小麦种植地的处理和底肥施入是关键的种植措施。在小麦种植前，需要对田地进行适当的处理。可以进行翻耕、整地和平整等操作，以确保土壤松软、均匀，并去除杂草和残留作物。如果田地有积水或排水不畅的问题，需要进行排水处理，以保证良好的生长环境。底肥是指在播种前将养分施入土壤中，以提供给小麦的营养需求。底肥的施用可以增加土壤肥力，促进小麦的生长和发育。底肥的选择和施用量应根据土壤质量、小麦品种特性和当地的气候条件来确定。一般而言，可以使用有机肥或化肥进行底肥施用。有机肥可以改善土壤结构和保持土壤湿度，建议在翻耕前施入。化肥可以提供迅速有效的养分，建议按照农业技术要求和土壤检测结果进行施用。一般情况下每亩施用完全腐熟的有机肥 2 000 ～ 3 000kg，但磷钾复合肥 20 ～ 30kg，磷肥、钾肥各 10kg，硫酸锌 1kg。

在稻麦周年栽培模式下，小麦的机械化播种是提高效率和减少劳动力成本的重要措施。使用适合的小麦播种机械进行播种，确保机械的正常运转和操作。在播种前，对播种机进行检查和维护，保证其良好的工作状态。根据田地情况和机械的要求，调整播种机的参数和设置，如行距、排种间距等。具体的播种量应该根据小麦品种特性、土壤质量和当地的气候条件来确定。

一般而言，每亩播种量控制在 10 ～ 12.5kg，具体播种量可以根据当地的实际情况和经验进行调整。播种深度是指将小麦种子埋入土壤的深度，影响着种子的发芽和生长，小麦的播种深度在 3 ～ 5cm 较为适宜，具体播种深度可以根据小麦品种特性、土壤湿度和当地气候条件进行调整。小麦的播种行距在 20 ～ 30cm 较为适宜，具体播种行距可以根据小麦品种特性、土壤质量和当地的气候条件进行调整。

小麦施肥应该在施足底肥的基础上，重视返青肥、拔节孕穗肥的追施。在稻麦周年栽培模式下，小麦的返青肥和拔节孕穗肥是关键的追肥措施。首先，返青肥的追肥时机选择。返青肥通常在小麦进入拔节期前进行追肥，以满足小麦生长发育的营养需求。追肥时机可以根据小麦的生长情况和当地的气候条件来确定。一般而言，返青肥的追肥时机为小麦拔节前 10 ～ 15d。其次，拔节孕穗肥的追肥时机选择。拔节孕穗肥通常在小麦拔节后至孕穗期之间进行追肥，以促进小麦的抽穗和花序分化。追肥时机可以根据小麦的生长情况和当地的气候条件来确定。一般而言，拔节孕穗肥的追肥时机为小麦拔节后 10 ～ 15d。最后，追肥量。追肥量应根据小麦的品种特性、土壤质量和当地的气候条件来确定。返青肥和拔节孕穗肥的氮肥分别控制在每亩20～30kg和10～15kg，磷肥、钾肥各8～10kg、5～8kg。

八、稻－再－油（肥）绿色高效栽培技术

该技术适用于稻田轮作周年种植中稻、再生稻和冬油菜（菜饲用或肥用）的种植模式。选用生育期适宜、综合抗性好、品质优良的中稻品种提早种植，在中稻（头季）收割后，采用适当的栽培管理措施，使收割后的稻桩上存活的休眠芽萌发再生蘖，进而抽穗成熟再收一季水稻（再生季）。选用生育期较短、生长快，适合菜用、饲用和肥用的油菜品种，在再生稻收获后播种，油菜作为菜饲或肥用。该技术适用于江汉平原、鄂东、鄂东南等光温资源"一季有余两季不足"的单双季稻混作区。

与传统的稻油轮作技术相比，稻－再－油（肥）绿色高效栽培技术有以下优点：一是增加粮食，应用该技术比种植一季中稻亩均增产200kg左右稻谷，有利于稳粮增收，而且综合利用了温、光、水资源，提高了生产效益；二是省工节本，水稻一种两收，既不需要再播种、育秧，又不需要翻耕耙田，省种、省工、省时、省水、省肥、省药；三是优质优价，由于再生稻生长期间温差大、不用药或少用药，米质明显高于头季稻，食味好，价格较高；四是培肥地力，油菜做绿肥，培肥了地力，减少了化肥施用量，生态效果好。

（一）技术要点

品种选择。中稻选择生育期135d以内、品质优、再生力强的品种。油菜选用早熟、双低、生长茂盛、抗性强，适宜菜用、饲用或肥用的优良品种。

中稻栽培。3月中下旬适时播种，培育壮秧，机插秧秧龄20d左右。大田每亩施底肥折纯N、P_2O_5和K_2O分别为5～6kg、4～5kg和4～5kg，移栽后5～7d追施返青肥，晒田复水后亩追施尿素5kg、氯化钾4～5kg。第一季稻适时机收，收割前10～15d亩施尿素7.5kg左右促芽肥。收割前7d排水，自然落干。机收时注意减少碾压稻桩，留茬高度35～40cm。运用绿色防控技术及时防治病虫害。

再生稻栽培。头季稻收割后，立即灌水护苗，亩施尿素5～10kg，提高

腋芽的成苗率。完熟期择晴收割。

油菜（绿肥）栽培。再生稻收割后及时播种，播种后开好排渍沟，适量施用苗肥。冬前重点防治蚜虫、菜青虫，花期重点防治菌核病。适时收获作为菜用鲜菜销售或作为青贮饲料销售，青贮技术不成熟的地区采用直接机械粉碎还田作绿肥。

以间歇灌溉、湿润为主，适时晒田，收获前切忌过早断水，确保收割时不要过干或过湿。头季稻机收时，注意减少碾压稻桩，留茬高度 35～40cm 为宜，若 8 月上旬收割，可适当留低稻桩。

（二）再生稻栽培技术

品种选择：选用生育期 120d 左右、产量高、低节位分蘖性强、抗逆性强、不早衰、稻米品质达优质等级标准的水稻品种，可选用晶两优华占、农香优 665、荃优 607 等品种。

育秧：3 月底至 4 月上旬播种，机插秧杂交稻每盘播种 75～80g，常规稻 80～100g，秧龄 20～25d。2 叶 1 心期，秧床灌水 1～2cm，切勿浸过心叶，亩撒施尿素 2kg 作断奶肥，适时栽插。

合理密植：头季稻机插密度按每亩 1.8 万～2 万蔸，行株距规格为 25cm×（14～16）cm 或 30cm×（12～14）cm，栽插深度控制在 1.5cm 以内，使秧苗不漂不倒，越浅越好。杂交稻每蔸 2～3 粒谷苗，常规稻每蔸 4～6 粒谷苗。

田间开沟：在够苗 80% 左右时排干水，结合晒田沉实泥后采用开沟机第一次开沟，田块四周开环沟，田中开若干条腰沟；1～3d 后沟中无水清沟，施穗肥前，清沟加深，达到沟深 20～25cm，沟宽 25～30cm。

头季稻施肥管理：每亩施纯氮（N）13～14kg，磷、钾肥用量按高产栽培 N : P_2O_5 : K_2O =1 :（0.3～0.5）:（0.5～0.7）折纯量确定。可参考"稻稻油"轮作栽培技术中施肥方法施用。

头季稻水分管理：大田 1～3cm 浅水活苗促分蘖；在够苗 80% 或有效分蘖末期多次轻晒至田泥开裂不发白；倒 2 叶露尖时复水，并保持 3～5cm 水层到扬花期；灌浆结实期干湿交替灌溉，收获前 10～12d 结合施保根肥留田面水深 1cm 左右，然后让水分自然落干，保证收割时稻田晒干至土壤相对含水量 35% 左右（表土发白微裂，脚踏无印），以减少机收履带碾压腋芽入泥，影响再生季腋芽萌发。

调控防倒伏：结合基肥或分蘖肥每亩施用硅肥 8～12kg，拔节期结合苗情化控壮秆防倒伏，可用 5% 烯效唑可湿性粉剂兑水浸种，药水：种为（1.2～1.5）：1，浸种 24～36h，其间搅拌取水上岸 1～2 次，每次 1～2h。清水洗净后催芽，待齐芽后播种，若用烯效唑浸过种，后期则不要在秧田再用烯效唑、多效唑等调节剂控制水稻生长。若未用烯效唑，可在苗期每亩使用 25% 多效唑悬浮剂 15～20g 控苗。使用商品基质育苗时，如基质中含有控苗成分，则不可再使用化学控苗剂。

病虫害防控：头季稻务必抓好田间纹枯病、稻瘟病、稻曲病及螟虫、稻飞虱等的防控，确保收获后田间稻桩根系发达、茎秆健硕，为再生丰产奠定良好基础。

适时收获，合理留桩：头季稻达成熟时即可视天气情况抢晴收割，留桩高度以再生季安全齐穗为前提（保证 9 月 20 日前后寒露风来临前齐穗），同时要调查田间底部节位腋芽成活情况，以防灌浆期田间水分过多造成基部腋芽死亡，在基部腋芽萌发正常情况下采用中低留桩收割。从再生季安全齐穗期、成熟整齐度及机收不同节位再生力 3 个方面综合考虑，留桩 25cm 左右（"保 3 留 4"）。如遇基部腋芽死亡较多，要适当留高桩 30cm 左右。

为减少机收碾压损失及机收稻草覆盖影响腋芽萌发，应选择窄幅履带（或者可联系厂家改传统履带宽度为 35cm）并带碎草抛洒装置的收割机；田间规划好收割路线，采用"回"或"川"字形，延长单趟收割距离（连片田块建议一个方向跨田埂收割），减少田间掉头转弯次数。

再生季施肥管理：根据水稻品种特点及机收碾压情况确定，一般每亩施纯氮（N）10kg，钾（K_2O）6kg 左右。分保根肥、促苗肥及壮穗肥 3 次施用：保根肥于头季稻收割前 10～12d，每亩施用氮肥总用量的 40%、钾肥总用量的 40%；促苗肥于头季稻收割后 1～3d 施氮肥的 30%，钾肥的 60%；壮穗肥于收割后 15d 左右施其余的 30% 氮肥。

再生季其他田间管理：头季稻收割后至腋芽长出时，灌跑马水保持土壤湿润；腋芽萌发后，干湿交替灌溉直至成熟。如遇寒流须灌深水护苗保穗，寒流过后渐排水至 3cm。

（三）油菜栽培技术

选用生育期 190d 左右，可选用阳光 131、丰油 730、赣油杂 906 等优质、多抗的中早熟双低油菜品种，每亩用种量 300 ～ 400g，每亩 3 万～ 4 万株。采用 40%（25-7-8）油菜专用缓释肥宜施壮装入联合播种机内机施，推荐每亩施用油菜专用肥 35 ～ 40kg，作为基肥一次性施用，后期不再追肥。播种前用种卫士等进行包衣或拌种，可有效防治冬前各种病虫，不用施药。春季主要注意防治菌核病。

水稻头季 3 月底至 4 月上旬播种，头季 8 月 10 日前收获，再生季 10 月上中旬收获，收获后尽早播种油菜，油菜尽量在 4 月底之前完成收获。

九、稻田轮作大球盖菇生态循环技术

稻田轮作大球盖菇生态循环技术以稻田为基础载体，结合大球盖菇草腐菌属性，可有效消纳稻田秸秆，提升土壤肥力，促进农业生态循环。本技术解决了水稻收获后大田露地栽培大球盖菇的技术难点，优化了生料发酵栽培中基料组成及配比，显著提升了大球盖菇出菇速度和出菇量，是一项经济、环保、高效的实用技术。

除水稻丰产以外，额外亩产大球盖菇 2 000kg 以上，每亩大球盖菇的利润超过 5 000 元；此外，每亩大球盖菇消纳 10 亩大田的稻草，腐解后改良土壤，后一季种植水稻时可以减少一半的肥料投入，并且稻米品质更优；从大的层面来说，充分利用秋冬季节的土地和温光资源，并充分利用废弃的秸秆，循环利用绿色生态环保。通过多年示范应用，大球盖菇季亩平纯收入约 5 300 元，水稻季节约化肥成本 48 元左右，增产 18% 以上，亩平增收 240 元，周年经济和生态效益显著。该技术适宜在长江流域稻区进行应用和推广。

（一）技术要点

茬口衔接。中稻播期为 4 月下旬至 5 月上旬，一季晚稻播期为 5 月下旬至 6 月上旬，再生稻播期为 3 月下旬至 4 月上旬。菌丝生长最适温度为 24 ～ 28℃，子实体生长最适温度 16 ～ 25℃。因此，种植大球盖菇时要合理安排好播种时间，尽量让出菇期的温度在 16 ～ 25℃的范围，既有利于提高产量，又有利于保障品质和效益。水稻收获后稻秸在田间晾晒备用，9 月下旬至 10 月中下旬播种大球盖菇。

大球盖菇播前准备。以稻草为主要培养料，辅料为玉米芯、稻谷壳、棉秆、碎木屑等。每亩备足稻草 4 500kg、稻谷壳等辅料 2 000kg 及大球盖菇菌种 250 ～ 300kg。

田间管理。水稻收割后将稻田排水，翻耕暴晒，然后起垄作畦。畦宽 60 ～ 100cm，畦间留约 40cm 排水沟。播种前 5d 左右，每亩撒生石灰 30 ～ 40kg 至畦面见白消毒灭菌。采用 3 层料 2 层菌种播种方式。稻田按 1m 左右分厢，整平厢面后施用石灰 30 ～ 50kg/ 亩。底层平铺稻草厚约 30cm，接种大球盖菇前 2d 左右预湿润至含水量 60% 左右。

每亩播种健壮菌种 250kg。先在厢面铺一层厚 20cm 左右的稻草；然后将菌种掰成核桃大小，采用梅花形点播，穴距 10 ～ 12cm，播种完毕后覆盖 5cm 厚的混合辅料；随后在辅料上面再覆盖约 15cm 厚度的稻草；最后，在稻草上覆盖厚度 2 ～ 3cm 的细土；盖土后，最好在上面铺滴灌带，然后再盖黑膜保温。

出菇管理。出菇管理重点是保湿、保温及栽培场地通风，保证覆盖物呈湿润状态。接种菌种后滴灌使稻草充分湿润（含水量达到 65% 左右）；菌丝生长前期一般不喷或少喷水，如稻草和床土偏干（发白），可视情况滴灌 1 ～ 2 次；菌丝量占到 1/2 以上时，可以适当增加滴灌水量；当小菇蕾长至直径 2cm 时，适当减少滴灌或喷水量；全程控制畦沟无积水。出菇阶段应搭建遮阳网，避免阳光的直射。

及时采收。大球盖菇子实体菌褶尚未破裂、菌盖呈钟形时采收。采收时注意勿伤周围小菇，采收后在菌床上留下的洞穴要用土填满。采收后的成品菇及时分级上市或加工处理，短期内不能尽快处理的大球盖菇，应放置冷库储藏。

（二）注意事项

生产原料要求新鲜、无霉变，使用陈旧材料不仅降低产量，也影响品质。选择的稻田最好为壤土，过沙和过黏的土壤均不利于优质高产。盖土最好选择腐殖质含量高的熟化壤土。严格控制栽培基料组成及配比，保持培养料湿度。水分管理一定要干湿适度，过干菌丝生长不下扎，过湿菌丝生长不良，下部甚至腐烂发黑。

控制好发菌期和出菇期温湿度，做到保温保湿、通风换气。生长过程中如发现有杂菌，应当及时人工清除。根据产品营销能力合理确定生产规模。

十、水稻机插秧同步侧深施肥技术

针对水稻生产过程中肥料用量大、施肥次数多、施肥方式落后等问题，将机插秧与侧深施肥技术相融合，推动施肥方式转变，提高肥料利用效率。水稻机插秧同步侧深施肥技术是指具有施肥装置的水稻插秧机在插秧的同时一次性完成水稻机插秧和施肥作业的技术。该技术由自走式插秧机、侧深施肥装置和专用肥料三部分组成，在插秧机上外挂侧深施肥装置，将基肥和分蘖肥一次性施入或全生育期用肥一次性施入根系侧3cm、深5cm耕层中，改变传统施肥基肥全层分布、分蘖肥表施的施肥方式，节水、节肥和减少生产工序效应显著。与传统施肥相比，运用水稻侧深施肥技术，化肥平均用量减少 2.6kg/ 亩，减肥达 11.7%，仍可实现增产 40.78kg/ 亩、增收 95.4 元 / 亩，节本增效可达 115.6 元 / 亩。

（一）技术要点

整地。翻耕、灌水、泡田后，旋耕整地作业。田面耕整深浅一致、泥脚深度不大于30cm、田块内高低落差小于3cm、田面水深控制在 1 ～ 2cm。插秧前应自然落水沉泥，达到沉淀不板结、插秧不陷机，以指划沟缓缓合拢为宜。

科学施肥。肥料特性应为颗粒均匀、表面光滑的圆粒型复合肥或掺混肥，粒径 2 ～ 5mm，颗粒强度 >40N（196kPa 以上），手捏不碎、吸湿少、不粘、不结块，吸湿率小于 5%。

配方施肥方案。①一次性施肥方案。肥料需选用缓控释复合肥，其中氮素含速效氮 60% ～ 70%、缓控释氮 30% ～ 40%。肥料配方及用量：早稻推荐肥料配方24-12-11，施用量 35 ～ 40kg/ 亩；一季中稻推荐肥料配方 28-9-13，施用量 40kg/亩；中稻（再生稻）推荐肥料配方 20-16-10，施用量 45kg/亩；晚稻推荐肥料配方 22-9-12，施用量 45～50kg/亩。也可选用配方相近的缓控释肥。机插秧同步侧深基施，后期不追肥。②"基+追"施肥方案。基肥以复合肥为主，肥料配方及用量：早稻推荐肥料配方 18-14-10，施用量 40kg/亩；一季中稻推荐肥料配方 24-10-15，施用量 35～40kg/亩；中稻（再生稻）推荐肥料配方 18-17-8，施用量 40kg/亩；晚稻推荐肥料配方 22-10-12，施用量 35～40kg/亩。也可选用配方相近的复合肥。机插秧同步侧深基施，分蘖期每亩追施尿素 5kg。中稻（再生稻）还需在头季稻抽穗期施用配方为 12-5-18 复合肥 20kg。

合理选用侧深施肥机具。推荐气吹式送肥机具，应带肥料堵塞、漏施报警装置，排肥性能应符合国家标准要求。

调试农机具。作业前应调试机具：调整开沟器高度、排肥口距秧侧向距离，测试排肥量，依据插秧密度调试穴距和取秧量。

精细作业。作业开始时，应慢慢平缓起步、匀速作业。作业过程中应注意施肥孔堵塞、漏施等；不准倒车，掉头转弯时停止插秧与排肥，应避免缺株、倒伏、歪苗、埋苗。作业完毕后应排空肥箱及施肥管道中的肥料并做好清洁，以备下次作业。

（二）栽培技术

专用机械的选用：选用带有侧深施肥装置的施肥插秧一体机或者在已有插秧机上加挂侧深施肥装置，侧深施肥装置应可调节施肥量，量程需满足当地施肥量要求，能够实现肥料精准深施、条施，肥料落点应位于秧苗侧 3cm、深 5cm 处。

专用肥料的选用：选用粒径为 2～5mm 的圆粒型复合肥料，含水率≤2%，要求手捏不碎、吸湿少、不黏不结块。

品种选择：所选品种应通过审定、适合当地生态环境条件种植，种子应符合 GB 4404.1 和 GB/T 17891 的规定。

种子处理：专用消毒液浸种至积温达到 100℃。浸泡好的种子捞出放在保温处催芽，以 80% 以上种子破胸露白、芽长 1～1.5mm 为催芽标准。

播种：4月上旬至中旬播种，盘育苗。播种前 15～20d 扣棚，苗床地浅翻 5 ～ 10cm 后做床。将选好的床土过筛后，配制成 pH 值为 4.5 ～ 5.5 的营养土装盘播种。每盘播芽种 100 ～ 120g。

秧田管理：出苗前密闭保湿，棚温控制在 30℃ 以内，70% 出苗后及时揭去地膜；出苗至 1 叶 1 心时，棚温控制在 25 ～ 28℃，床土保持湿润，水分不宜过高；1.5 ～ 2.5 叶时，棚温控制在 20 ～ 25℃，晴天可适当通风炼苗，床土保持湿润；2.5 叶至插秧前，棚温控制在 20℃ 左右，床面略呈干燥，及时通风控温，以防秧苗徒长。1.5 ～ 2 叶时防治立枯病，2.5 叶时追施离乳肥，插秧前 1d 防治潜叶蝇。

壮秧标准：秧苗叶龄 3.5 ～ 4 叶，秧龄 35 ～ 40d，苗高 15cm 左右，百株地上部干重 3g 以上，根数 8 ～ 15 条；第一叶鞘高 3cm 以内，1 叶和 2 叶的叶耳间距 1cm 左右，2 叶和 3 叶的叶耳间距 1cm 左右，3 叶长 10cm 左右。秧苗敦实稳健，有弹性，叶色绿而不浓，叶片不披不垂，茎基部扁圆，须根多，充实度高，无病虫害。

整地：翻耕或旋耕、旱整平与水整平相结合，耕深至少在 12cm 以上；稻草还田地块耕深至少在 15cm 以上，一方面可以将秸秆掩埋于土层内，同时保证有一定量的泥浆覆盖肥料，整地后田平泥融。水整地在插秧前 3 ～ 5d 进行，要求精细平整，池内田面高低差 ≤ 3cm，寸水不漏泥，耙平后带水沉淀 3 ～ 5d 为宜，松软适度，软硬以用手指划沟分开合垄为标准，过软易推苗，过硬行走阻力大。

施肥量：若所选肥料仅满足基、蘖肥同施，可减少基肥分蘖肥常用施肥量的 20% ～ 30%，中后期视苗情适当补肥，防止脱肥减产；若所选肥料为满足全生育期一次性施肥的缓、控释肥，可减少常用施肥量（N）的 25% ～ 30%。

施肥方法：若所选肥料仅满足基、蘖肥同施，一般 60% 左右的氮肥侧深施入，其余 40% 用作中后期调节肥、穗肥、粒肥施用。磷肥和钾肥在土壤中的移动性比氮肥小，磷肥一次性侧深施，钾肥侧深施 50%，追肥 50%。若所选肥料为全生育期一次性施肥肥料，氮磷钾全部与插秧同步、做底肥一次性侧深施。

装肥：应使用无结块、刚开封的肥料。料斗多为树脂制品，为了防止破损发生，在肥料补给时不要施加过大的力。密切关注肥料箱，及时补给；雨天作业时,应注意不要让肥料沾到水。为了避免作业终止时肥料箱内残留过多肥料,应有计划地投入肥料。

调整排肥量:作业前根据品种、地力调整好施肥量,保证各条间排肥量均匀一致。田间作业时,施肥器、肥料种类、转数、速度、泥浆深度、天气等影响排肥量,要及时检查调整。

插秧:适时早插,要求日平均温度稳定通过 12℃后插秧。栽培密度,低产地块或稻草还田地、排水不良地、冷水灌溉地等初期生育不良的地块,密度与常规施肥一致;一般地块应比常规施肥减少 10%。每穴 3 ~ 4 株,不窝秧、不漏插、深浅一致。

排肥:插秧前将肥料装入施肥器肥料箱内。插秧机作业时要求匀速前进,利用插秧机的动力完成开沟、排肥、覆泥等项作业,把肥料均匀、连续、定量、等深度、等距离地埋在水稻根系侧 3cm、深 5cm 部位的泥中,车轮打滑状态下易过量施肥。施肥作业中应回避紧急停止操作,如果紧急停止,肥料易集中于一点落下。

清理:作业完毕后,排出剩余肥料,清扫肥料箱,第二天加新肥料再作业,严防肥料潮解堵塞排肥口。肥料的排出应在平坦的场所进行。插秧结束后,请将相关设备清洗干净,干燥保管。

水分管理:整地后以水调整泥的硬度,插秧后保持水层促进返青,分蘖期灌水 5cm 左右,生育中期根据分蘖、长势及时晒田。晒田后采用浅湿为主的间歇灌溉法,蜡熟末期停灌,黄熟初期排干。

病虫草害防治:农业防治,抗性品种、合理密植、配方施肥、科学灌溉、消除病稻草及池埂上杂草;生物防治,采用性诱剂和保护水田生物(害虫天敌)等方法进行防治;物理防治,黑光灯、频振式杀虫灯等机械物理装置诱、捕杀害虫。

药剂防治:专用药剂及时防治稻瘟病、稻曲病、二化螟、杂草等。

适时收获:当稻谷黄化完熟率达 95%,籽粒含水量为 15 % ~ 20% 时,籽粒充实饱满坚硬,适时机械收获。

十一、盐碱地种稻技术

盐碱地土壤中含有较多的可溶性盐分，通常不利于作物的正常生长。我国盐碱地面积广阔，其中15亿亩盐碱地中，2亿～3亿亩是具备改造为农田潜力的。如果能够得到开发，并加以利用，将会节约一大批土地资源。盐碱地种稻技术主要以品种选择为核心，辅以适配的水分管理，可顺利在盐碱地上进行水稻种植。

（一）精选耐盐碱品种

盐碱地所要种植的品种必须符合耐盐、耐碱性较强、有较好抗病性等要求，其中如绥粳1号、松粳1号、藤系138、东农415、合江22号、寒九、吉粳63等，都具有白根多、根量大、分蘖多、生育旺盛、抗逆性强、产量高等特点。因此，它们是首选的耐盐碱品种。

（二）水稻育苗

育苗地的选择。育苗地的选择也是盐碱地育壮秧、增产的重要环节之一，不可轻视。不同的地区对育苗地的要求也是不同的，不能一概而论，要做到因地制宜。如：北部地区，苗床要选择建在地势较高的地方，且棚与棚之间再挖出30～50cm的排水，床面要高出地面10～20cm；然而西部地区就有所不同，由于西部风沙较多，一般采用地下床（地下10cm），这样有利于保温保墒。但是无论选择什么地带作为育苗地，都要施用有机肥，以起到培肥地力、提高土壤的基础肥力、中和土壤酸碱度、降低pH值等作用。

选择中性或轻盐碱性土作为床土。在品种、育苗地选择之后，需要慎重的一项就是对床土的选择，在选择床土时，尽量选择中性或轻盐碱性的，同时床土中应该施用一些肥料，以便增加床土肥力、降低盐碱性。

通风炼苗。为了促进稻苗苗壮成长，还要适当地进行通风炼苗，搞好温度，并且做好水分管理，这样不但利于稻苗的健康生长，而且长出的稻苗抗病性强。

（三）插秧

盐碱稻田具有解冻偏晚、插秧期短、返浆时间长等特点，农民在种植水稻时，一定要掌握好温度，不可过早或过晚，确定好温度后，集中力量突击插秧。一般情况下，当日平均温度稳定在31℃时，5月5—30日为最佳插秧期。

在插秧时，需要根据当地的生产条件来确定插秧密度。如施肥水平较低的地区，插秧密度就相对小一些，一般在26.4cm×10cm为宜；相反，施肥水平较高的地区，插秧密度就相对大一些，一般在30cm×10cm为宜。

（四）稻田管理

完善的灌排水系统。水稻是一种需求量很高的一种农作物，在水稻的不同生长期，需要的水量也是不同的，时多时少，因此，对于水稻的需水量，要本着"多排少补"的原则进行排灌，如在插秧到完熟期内，水田不能断水，更不能重晒水田，这时期水需求量较大。这就需要良好的排水系统，既能充分满足泡田洗碱需要，也能做到灌、排自如，为水稻高产提供必要的条件。

放水泡田、降低盐碱性。所谓的开发盐碱地种植水稻，就是将土壤中的盐碱性降低，能够确保水稻自然生长。其中放水泡田就是一个切实可行的办法。放水泡田需要的时间较长，一般要3～4d。因为土壤盐分溶解于水要有一个时间过程，时间越长溶解的盐分越多。

适当施肥。盐碱地的水稻施肥应本着增施有机肥为主，适当控制化肥施用量，深层施肥，少量多次等原则进行施用。这是因为盐碱地盐性偏重，施用的化肥量不宜过多，而且盐碱地氮的挥发损失比中性土壤大，相对来说，深层施肥效果要好于浅层施肥，并且应分次施肥，做到少量多次。

（五）培肥地力

水稻收获后，也应该进行稻田护理，实行秸秆还田，培肥地力。这样不但有利于增加土壤有机质含量、改良土壤理化性质，还可以增加土壤肥力，使低产田变成高产田。

十二、水稻绿色低碳丰产栽培技术

相比传统种植技术，水稻绿色低碳高产栽培技术选用实施节水减排灌溉、增密减氮和优化施肥等措施，可以节水、节氮、减少温室气体排放，并实现增产。绿色低碳高产栽培技术和常规施肥技术施肥策略不同。绿色低碳高产栽培技术"氮肥减量后移"，大幅减少分蘖肥，控制无效分蘖，在保证穗数的前提下主攻大穗。在灌溉方面，常规技术除了中期晒田外，其余时间淹水为主，稻田土壤长期处于厌氧状态，导致大量甲烷产生。绿色低碳高产栽培技术采取中期晒田和干湿交替结合的方法，在不影响水稻生长的同时抑制土壤甲烷产生，减少碳排放。该技术在实际生产中的技术要点如下。

（一）品种和播期

选用适合当地种植的高产和适应性强的品种，如黄科占 8 号、隆稻 3 号、节优 804 等。黄科占 8 号、隆稻 3 号建议在 6 月 10 日左右轻简化直播。节优 804 作中稻可在 5 月 25 日至 6 月 10 日进行直播。

（二）厢沟配套

油菜收获后，保留残茬；用旋耕机旋耕一次，深度 10cm；随后开沟起厢，厢宽 1.2 ~ 1.5m，沟宽为 0.2 ~ 0.3m，沟深为 0.2m。播种时厢面上薄皮水或平沟水，自然落干，湿润管理促扎根，忌明水淹苗，提高成苗率。

（三）直播

播前晒种 1 ~ 2d，坚持咪鲜胺浸种，浸完种后洗净，采取日浸夜露的方式催芽，待种子破胸露白后即可播种。在播种后 20d 要及时进行田间查苗工作，移密补稀，使稻株分布均匀，生长平衡。

（四）科学管水

水稻生长期间保持全程好气灌溉，即水稻直播后保持厢面湿润，分蘖期保持沟中有水，抽穗期保持厢面湿润，灌浆期干湿交替，即沟中无水与满水交替。

（五）科学施肥

油菜壳覆盖还田，降低秸秆的厌氧降解而产生大量的甲烷且培肥土壤；配合施 30kg 复合肥及 2kg 大颗粒锌和 1kg 硼肥，施在泡润的厢面作底肥。追肥两次，第一次追肥一般在分蘖前期，根据苗情可亩施 5kg 尿素。第二次追肥在分蘖盛期，晒田复水后，看苗亩施 5kg 尿素加 5kg 钾肥。

（六）高效防除病草害

该技术稻田有效分蘖多、群体密度大，纹枯病相对易发生，中心病团出现立即用三环唑可湿性粉剂或其他符合国家规定的高效、低毒、低残留农药防治。水稻 3～5 叶期杂草可选用丁草胺配合苄嘧磺隆防除；分蘖拔节期若有轻微草害可不进行防治，若有严重草害，可选用相应高效、低毒、低残留农药防治，喷药前排干沟中水，喷药 1～2d 后上满沟水。分蘖拔节期除草剂浓度要适当提高，一般在农药使用基础上增加 10%，防止草害复发后难以控制。

十三、机插再生稻高产高效栽培技术

再生稻是指头季水稻收获后，利用桩上存活的休眠芽，采取一定的栽培管理措施使之萌发为再生蘖，进而抽穗、开花结实，再收获一季水稻的种植模式。再生稻模式具有省工、省力、省种、品质优和增产增效等优点，在南方稻区发展再生稻是促进稻谷产能和农民种粮效益协同提升的重要途径。我国再生稻种植历史悠久，迄今已有 1 700 多年的种植历史。但是目前再生稻生产所用的品种主要从已审定品种中筛选得到，缺乏针对再生稻模式而培育的专用品种，导致再生季产量普遍低，严重影响了农民的种粮收益，很大程度上限制了再生稻模式的推广应用。

在这一背景下，再生稻机插栽培技术的提出很好地适配了再生稻种植的技术需求，能充分发挥品种的再生潜力，为实现再生稻周年高产具有重要的意义。该栽培技术主要围绕头季和再生季，两季的栽培管理内容存在较大差异。

（一）育秧

1. 营养土准备

一般要求在冬季提前取质地疏松、富含有机质（2% 以上）、无残渣秸秆、无有害残留物质的土壤，经晾晒（水分控制在 10% 左右）、粉碎和过筛（直径 2 ～ 3mm 作床土；直径 1 ～ 2mm 作播种后的盖籽土）；将过筛的床土添加富含秧苗生长所需的氮、磷、钾等大量元素和锌、锰等微量元素，以及可预防水稻主要病虫害、矮壮秧苗、促进发根、调节土壤酸度的专用壮秧剂，均匀混合形成合格的育秧营养基质床土（300kg 肥沃干土加入专用壮秧剂 1kg），装袋或存放于干燥室内，翌年春育秧前装盘后播种；一般按亩需秧盘 20 个、每个秧盘需肥沃过筛细土 4kg 定量准备。

2. 苗床准备

选择土壤肥沃、背风向阳的水稻田作苗床。要求在育秧前 1 个月开始，灌水泡田 3 ～ 5d，随即用机械耕整至田平泥烂，使用木梯或直径 20cm 左右、长 3 ～ 4m 的圆木拖平，排干田间水分并立即按亩撒施氮、磷、钾总含量 45% 的复合肥 40 ～ 50kg，搁置干燥田泥至可塑成形期，按厢面宽 1.4m、厢间沟宽 0.5m、厢沟深 0.25m 左右准确开沟平畦，按沟宽 0.4m、沟深 0.3m 左右开好围沟，以利于排水干燥苗床备用，方便后期规范化摆盘和苗期水分管理，及时喷洒封闭型除草剂，防止苗床杂草滋生。总要求为"实、平、直、光"。

3. 秧盘准备

秧盘采用环保 PP 硬质秧盘，规格 58cm×28cm×（2.3 ～ 3.0）cm。数量按亩大田需秧盘 20 个准备。

品种选择。适宜作为再生稻种植的高产品种有丰两优香 1 号、甬优 4149、两优 6326、桃优香占、天两优 616、甬优 4949、天两优 6071、悦两优美香新占、魅两优绿银占、荃优 822、隆两优华占、晶两优 1212、鄂丰丝苗、黄华占等。

4. 种子处理与催芽

（1）晒种。

播种前选择晴好天气晒种 1 ～ 2d，杀灭病菌、活化稻种、促进发芽整齐。

（2）浸种。

用 25% 咪鲜胺 3 000 倍液，按药液与种子重量比等于 1.5∶1 的标准浸种吸水饱和，一般杂交稻种浸种时间为 20h，吸足水分后立即用清水洗净滤干备用。

（3）温水浸泡稻种增温激活与保温催芽。

材料准备，保温催芽塑膜大棚，50℃ 温水，保温催芽木桶或稻草和无纺布编织袋、农膜等。按种子与温水重量比等于 1∶1.5 的数量，将浸泡洗净和滤干的稻种放入 50℃ 温水中浸润 5min，捞取后立即堆放于垫有 20cm 厚稻草的编织袋上，种堆厚度 25cm 左右，种堆上加盖编织袋，再加盖 10cm 稻草，最后加盖农膜保温、保湿、催芽。在棚内温度 25℃ 条件下，经 20h 左右得到破胸露白率高达 80% 以上的稻种，取出稻种用精甲·咯菌腈按药种重量比等于 1∶300 包裹均匀，摊晾干爽后立即用专用机械播种。

5. 播种

（1）适时早播。以天两优 616 和丰两优香 1 号为例，鄂东南和江汉平原再生稻种植区，一般选择安排在 3 月中、下旬播种，不早于 3 月 10 日，不迟于 3 月 30 日，根据茬口计划分时段播种；其他品种可根据其与以上 2 个品种的生育期差异适当调节播种时间。

（2）播种量。杂交稻一般按每盘播干种子 85g（催芽包衣后的湿种子 105～110g）。即保证每盘有健壮秧苗 2 200 株，根据种子千粒重和 70%～80% 的出苗率计算求得；同理，常规稻一般按每盘确保健壮秧苗 3 500 株计算。

（3）播种质量。床土厚度，要求装基质营养床土时填满秧盘后刮平；洒水量能够至床土饱和，洒水量不能过小，洒水过程不宜过激；要求每盘达到计划播种量，且全秧盘均匀一致；盖籽土要求干燥、不能混有壮秧剂，机械覆撒盖籽土均匀严实，盖籽厚度为 2～3mm。

6. 暗化处理

将播好种子的秧盘按每垛 20～30 盘对齐叠加后放入暗化处理的保温棚内，要求最下层离地面 20cm 左右，最上层加一个空盘并放置两块 24 规格砖压实，多垛靠近堆放，暗化垛整体用农膜包裹密封保湿保温出苗，要求棚内温度 28～35℃、相对湿度 95%～100%，45h 左右达到出苗整齐，秧苗高度达 2.5cm 左右，随即解开秧垛，搬运秧盘至苗床。

7. 大、中棚育秧期田间管理

（1）摆盘与灌水。选择在阴天或晴天的下午 4 时后，将暗化处理、出苗整齐的秧盘运到备用苗床，按每厢 2 盘相对紧密整齐摆放，每个育苗棚摆放完成后立即灌水至秧盘底部向上的 1/3 高度处，密封大棚农膜，保温育苗。

（2）水分调节。摆盘后的几天白天保持田间水分高度在秧盘底部以上 1/4～1/3，夜间水位可降到齐厢面；当秧苗根系整体扎入苗床后，白天保持厢沟里满沟水，夜间半沟水；移栽前 5～7d，保持厢沟无水，促进新根生长、根系整体盘结，方便取苗移栽和移植大田后返青成活快。

（3）温、湿度调控。根据气温变化掌握大棚开启与关闭，高温不超 35℃；在低温不低于 20℃的前提下，经常性通过降湿，提高秧苗素质。

（4）肥料运筹与调控。床土肥沃条件不需要追肥，若秧 2 叶期苗叶色偏黄，于傍晚、秧苗叶尖吐水时每亩秧田用尿素 4kg 兑水 500kg 洒施 1 次，移栽前 3d 用同样方法和标准追施尿素 1 次。

（5）苗期病虫害防控。按以上条件操作无需增加防治病虫措施。遇低温寒潮和保温不良条件，提早用 1 000 倍液敌克松浇洒苗床，防烂秧死苗。机插前坚持使用农药预防稻瘟病，使用 25% 咪鲜胺 3 000 倍药液浇洒防病。

8. 秧苗素质标准

秧苗整体呈结实毯状、白根多。秧龄一般 15～20d，不超过 30d，苗高 12～17cm，秧苗密度每平方厘米成苗 1～1.5 株，秧苗整齐一致，假茎粗壮，叶片青秀、无病虫害，叶片挺拔有弹性，秧苗假茎基部节上根点多，白根 10 条以上，移栽后发根力强、抗逆性强，缓苗期 3～7d，秧苗扎根活蔸快、早发性好。

（二）移栽质量

1. 大田基肥施用与整田要求

头茬稻一般中等肥力田块总施氮量 14kg 左右 / 亩，基肥占 45%，相当于 15% 含氮量复合肥 40kg，耕整大田前施用；要求精细整田、田平泥烂、高低落差不超过 5cm，落差过大的大田块应分段垒埂后插秧。

2.移栽前天气预测与调控

春季大气环流较规律，大范围和长时间天气预报准确，应关注气象台站发布的天气形势，确定插秧规划，避开寒潮为害；坚持做到寒潮到达前 3d 不插秧、寒潮过后插秧的原则。因天气原则延迟计划栽插的秧苗提前喷施 150kg/L 的多效唑 +0.1% 磷酸二氢钾 +0.4% 尿素混合液一次调控秧苗。

3.机械插秧前的大田标准

机插秧田除田平泥烂外，要求泥土干稀适中，标准是机械移栽入泥的秧苗直立不下陷，秧苗周围泥土回复度达 90% 左右。一般根据机械耕作所致的泥浆干稀程度、土壤质地结合当时的天气状况等多因素决定，应先实地测试后执行，避免盲目随意操作导致的缓苗延长，播种时间和秧龄安排也将此因素作为重要条件考虑。水分条件，插秧时要求田间有一薄层水，尽量降低植伤的影响，也不应水层过深而导致漂秧或秧苗扎根障碍。

4.栽插穴数和基本苗数

一般肥力田块按 30cm×14cm（1.5 万穴左右 / 亩）栽插，每穴基本苗 2 ～ 3 粒谷苗，要求各穴间尽可能均匀一致。

5.浅插和匀栽

要求根据田间实际状况调整好插秧机，插秧深度不超过 2.5cm，各个取秧夹取苗数均匀一致。

6.移栽后田间要求的状态

秧苗成行成排、直立整齐，无明显机械行走产生的深沟痕迹，薄水层、秧苗无明显失水萎蔫症状。

（三）头茬稻大田管理

移栽 5d 后，根据田间泥土干实状态，选择最佳时期开沟、施肥、施用除草剂。

1.选择时机分段开沟

分次用机械开沟，标准是开成的沟明显，沟与沟之间排灌通畅，开沟操作速率高，不因泥土过硬导致工作效率显著下降。对于 50 亩以上的大田块，由于整体平整度相对较低，可按整体计划，采取先对较高处开沟、后对较低地段开沟。

2. 肥料运筹

分蘖肥，占总施氮量30%，根据苗情在移栽后5～10d施用，或同除草剂混合施用，兼顾追肥和灭草两个环节；促花肥，拔节5d后施用，占总氮量15%；保花肥，占总氮量10%，在促花肥后15d施用。促芽肥，在头茬稻齐穗后15d，按亩施用尿素15kg。

3. 及时施用除草剂

最简便有效的方法是在移栽返青后，追施分蘖肥时同肥料混合后施用，要求大田平整，确保全田有水层、又不致部分区段水层过深导致药害；也可分蘖初期选择田间无明水层条件下，根据杂草类型使用多种除草剂混合喷施，切实做到早、稳、准。

4. 水分调控

5月上、中旬，分蘖期，保持浅水与自然落干交替，通气促蘖；5月下旬至6月上旬，根据苗情适时排水晒田、控制无效分蘖，排水时间为亩总苗达16万～18万株，或苗数未到时间到5月底，晒田与复水交替进行，避免大分蘖死亡，至6月15日为晒田终止日期；长穗期浅水层与自然落干交替，孕穗期采用水层管理促进抽穗整齐；齐穗后自然落干，以干为主，保证田间相对含水量不低于85%，根据整体气候条件，调控水分，做到田间土壤干实而不缺水，成熟收割时不受机械碾压下陷。

5. 主要病虫害防控关键技术

纹枯病预防，6月下旬长穗开始，结合水分灌溉调节和药剂预防避免纹枯病发生；稻瘟病预防，7月上中旬，抽穗前根据整体天气形势确定预防强度，抽穗期持续晴好天气做一般性预防，遇连续阴雨天气实施相隔1周的两次重点预防。螟虫根据虫情测报资料结合实地监测，实施早防早治；飞虱预防亦根据虫情在7月下旬进行。

（四）头茬稻收割

1. 收获时间标准

头茬稻整体稻谷成熟度90%～95%为最佳收获时期，过早影响产量，过迟在机械收割时对再生芽影响较大。

2. 收获期田间水分标准

田间相对含水量 80% 左右，收割机械不下陷，不影响再生芽生长。

3. 收割机田间操作走向要求

为使收割机械碾压损失降到最低水平，要求根据田块大小和形状，选择最优走向，避免多次重复碾压和交叉碾压增加损失面积和碾伤再生芽数。

4. 留茬高度

8 月 10 日前收割的，留茬高度 25 ～ 30cm；8 月 15 日左右收割的，留茬高度 30 ～ 35cm；8 月 20 日左右收割的，留茬高度 35 ～ 40cm。

（五）再生稻大田管理

1. 及时灌水保芽

头茬稻机械收割后，力争立即灌水，最迟不能超过 2d，减轻机械收割降低田间水分含量后对母茎潜伏芽生长的影响。

2. 早施发苗肥和巧施平衡肥

发苗肥要求在头茬稻收割后 5d 内完成，用量按每亩施尿素 10kg 实施；一般在头茬稻收割 15d 左右，根据再生芽整体生长状况，对长势较弱的区段补施氮肥调节、促进平衡生长，每亩施用尿素 5kg。

3. 合理调控、促进再生稻穗发育整齐一致

为调节机械碾压所导致的部分再生芽生长发育迟缓产生的成熟期差异，于头茬稻收割后的 35d 左右，针对部分碾压倾倒、发育迟缓的母茎及再生芽喷施 10mg/L 的赤霉素药液，提高再生稻穗整体发育一致性，提高再生稻稻米品质的一致性及其效益。

4. 水分调控与高产优质

再生稻发苗肥施用后，以浅水与自然落干交替灌溉为主，促进母茎直立、增强根系活力，加速再生芽及其稻穗生长发育进程，达到增穗增粒的目的。一般收获前 10 ～ 15d 不再灌水，遇连续晴好天气，适时灌跑马水，促进灌浆结实。

（六）再生稻收割与贮藏加工

1. 收获期

再生稻收割适期为稻谷整体成熟度达到 95% 左右。

2. 晾晒与稻谷水分调控

为确保再生稻品质，结合收获季节的天气状况，宜采用质量较高的烘干机械烘干，或薄层晾晒，尽快干燥，使稻谷含水量降到 15% 左右，为最佳碾米含水量，适时加工、提高加工品质。

3. 专用机械风选与分类加工

在同条件收割的前提下，为提高再生稻的稻米品质，可采用专用机械风选后，按不同品级的稻谷分类加工，既可提高加工品质，又可降低碾米加工过程中色选剔除垩白稻米的成本，间接提高经济效益。

十四、稻田无人机飞防技术

无人机进行水稻病虫害防治优点是省时省力、快捷、高效且环保。具体如下。

（1）省工省本："飞防"防治水稻病虫害节省人工 90% 以上，每亩可节省劳动力成本 15 元以上。

（2）效率高：人工作业，每人每天施药 3 亩；无人机施药，单机作业（配药员、飞行操作员），每天施药 500 亩以上。

（3）防虫防病效果显著：无人机飞防施药均匀，不受田间条件制约。飞防相比人工施药防治水稻病虫害尤其是防治白叶枯病、细菌性条斑病等细菌性病害效果更好，其他病虫害防治率能够提高 2% 以上。

（4）增产效果显著：由于病虫防治效果好，无人机飞防比人工施药的田块能够增产 4% 以上，效果显著。

在利用植保无人机进行病虫害防治时，对于药剂配制应该遵循以下几条原则：①药剂必须选择低毒、无公害、持效期较长、渗透性较强且内吸传导性较好的农药，注意轮换使用；②农药的使用量必须按登记推荐剂量使用，不得随意加大用量，每亩药剂兑水量为 2 ～ 3kg；③为了提高药效，应加入适量的乳化剂或渗透剂。

（一）飞防技术要点

（1）要选择稳定性、安全性好、喷头雾化好的农用无人机。

（2）无人机操作员必须经过严格的操作及农药施用知识的培训，根据作物、生长、气候等情况适当调整飞行高度，力求施药均匀。

（3）雨天一般不喷药，喷药后1h内如遇中雨以上的降雨必须重喷，雨季要加适量的展着剂。

（4）为了无人机及操作人员安全，风力达到25m/s以上（即风力5级以上）时不推荐作业；4级风力以下，风力较大时适度降低飞行高度。

（二）注意事项

（1）作业前必须按照国家有关规定向公共公告作业范围、时间、施药种类及注意事项，严禁非工作人员及牲畜进入作业地界。

（2）在作业区若间杂其他农作物，如蔬菜、桑树等，应当保持一定的安全间隔距离。

（3）严格选择药剂，充分考虑药物安全性及使用效果，先试验再推广使用。

十五、稻虾共作种养技术

稻虾共作种养技术是将普通稻田单一的栽培模式提高到立体生态的栽培结合模式，即在水稻栽培期间养殖克氏原螯虾，克氏原螯虾和水稻在稻田中共同生长。稻虾共作模式可以充分利用稻田的浅水环境和冬闲期，有效提高稻田单位面积经济效益，实现一地两用，一水两收，同时还可以进一步减少农业面源污染和水产养殖尾水污染。

（一）养虾稻田

养虾田块应选择生态环境良好，远离污染源的地方，底质自然结构，不含沙土，保水性能好，水源充足，排灌方便。面积一般以 13 340～33 350m^2

（20～50亩）为宜。

（二）稻田改造

1. 挖沟

沿稻田田埂内缘向稻田内开挖环形沟。稻田面积超过 33 350m^2（50亩）以上的，可在田中间开挖"一"字形或"十"字形田间沟。

2. 筑埂

利用开挖环形沟挖出的泥土加宽、加高、加固田埂。田埂加固时每加一层泥土都要进行夯实。田埂应高于田面 0.6～0.8m，顶部宽 2～3m，坡比 1 : 1.5。

3. 防逃设施

田埂上应设防逃墙，可用水泥瓦、塑料膜制作。防逃墙埋入地下 20cm，露出地上部分 40cm。排水口应设防逃网，为 8 孔 /cm（相当于 20 目）的聚乙烯网片。

4. 进排水设施

进、排水口分别位于稻田两端，进水渠道建在稻田一端的田埂上，进水口用 40 目的长型聚乙烯网袋过滤，防止敌害生物随水流进入。排水口建在稻田另一端环形沟的低处。

5. 机耕道

在稻田一角建设机耕道。机耕道宽 4m，下埋直径 200mm PVC 管连通两侧水体。

6. 水草移植

在稻田和虾沟移植伊乐藻。在 10—12 月，每亩用 20kg 的伊乐藻种株，将伊乐藻草茎切成 15cm 的段进行人工插栽，20 株为一束按 3m×6mm 插入泥中，待草成活，逐渐加水，以浸没水草末端 20cm 即可。也可移植菹草。

（三）虾的管理

1. 投放亲虾养殖模式

8 月底至 9 月初，中稻收割前往稻田的环形沟和田间沟中投放亲虾，每亩投放 20～30kg。投放亲虾养殖模式经亲虾繁殖、幼虾培育、成虾养殖 3 个阶段养成成虾。

（1）投放亲虾标准。

达到性成熟的成虾，雌雄个体大小在 35g 以上，性成熟的雌雄虾性别特征见表 4-1。

表 4-1　性成熟的雌雄虾性别特征

判别	雌虾	雄虾
同龄亲虾个体	小，同规格个体螯足小于雄虾	大，同规格个体螯足大于雌虾
腹肢	第一对腹足退化，第二对腹足为分节的羽状附肢，无交接器	第一、第二腹足演变成白色、钙质的管状交接器
倒钩	第三、第四对胸足基部无倒钩	第三、第四对胸足基部有倒钩
倒刺	成熟的雌虾背上无倒刺	成熟的雄虾背上有倒刺，倒刺随季节而变化，春夏交配季节倒刺长出，而秋冬季节倒刺消失
生殖孔	开口于第三对胸足基部，为一对暗色的小圆孔，胸部腹面有储精囊	开口于第五对胸足基部，为一对肉色、圆锥状的小突起

（2）亲虾投放。

亲虾投放按以下要求进行。

①亲虾来源：亲虾从省级以上良种场或天然水域挑选，遵循就近选购原则。

②亲虾运输：挑选好的亲虾用塑料筐装运，每筐上面放一层水草，保持潮湿，避免阳光直晒，运输时间应不超过 10h，运输时间越短越好。

③亲虾投放前，环形沟和田间沟面积的 40% ～ 60% 应移植沉水植物。

④亲虾投放：亲虾按雌、雄性比 3∶1 投放，投放时将虾筐浸入水中 2 ～ 3 次，每次 1 ～ 2min，然后投放在环形沟和田间沟中。

⑤亲虾留存：第二茬捕捞，将环沟内的成虾或亲虾捕捞干净。稻田洞穴中的亲虾留作种虾，存田量每亩不少于 15kg。

（3）饲养管理。

投放的亲虾除自行摄食稻田中的有机碎屑、浮游动物、水生昆虫、周丛生物及水草等天然饵料外，宜少量投喂动物性饲料，每日投喂量为亲虾总重的 1%。12 月前施一次腐熟的农家肥，用量为 100 ～ 150kg/ 亩。每周宜在田埂边的平台浅水处投喂一次动物性饲料，投喂量为虾总重量的2%～5%。当水温低于12℃时，可不投喂。翌年3月，当水温上升到16℃以上时，每日傍晚投喂1次人工饲料，投喂量为存虾重量的1%～4%，可用饲料有小麦、豆粕、麸皮、米糠、豆渣等。每周投喂1次动物性饲料，用量为0.5～1.0kg/亩。

（4）水质管理及水位调控。

10月中稻收割后随即加水，淹没田面10～20cm，11—12月保持田面水深30～40cm，随着气温的下降，逐渐加深水位至40～60cm。翌年的3月水温回升时，调节水位至20～30cm，4月中旬至5月底，逐步加深水位至40～50cm。坚持早晚巡池，观察水质变化。在成虾养殖期间水体透明度应为10～20cm。水体透明度用加注新水或施肥的方法调控。

2. 投放幼虾养殖模式

每年4—5月，水草移植后，稻田立即灌水20～30cm，每亩投放体长规格为3～4cm的幼虾1万～1.5万尾。投放幼虾养殖模式，经幼虾培育和成虾养殖两个阶段养成成虾。

（1）幼虾质量。

规格整齐，活泼健壮，无病害。

（2）幼虾投放。

幼虾投放按以下要求进行。

①幼虾运输，虾苗采用塑料筐运输。每筐装重不超过5kg，每筐上面放一层水草，保持潮湿，避免阳光直晒，运输时间2h以内为宜；

②投放时间，幼虾投放应在晴天早晨、傍晚或阴天进行，避免阳光直射；

③幼虾投放前，环形沟和田间沟面积的40%～60%应移植沉水植物；

④幼虾投放，幼虾投放时，将虾筐浸入水中2～3次，每次1～2min，然后投放在环形沟和稻田中；

⑤幼虾补投：第一茬捕捞完后，根据稻田存留幼虾情况，每亩补放体长规格3～4cm的幼虾1 000～3 000尾。幼虾可以从周边养虾池塘或湖泊中采集。

（3）饲养管理。

虾苗投放第一天即投喂鱼糜、绞碎的螺蚌肉、屠宰厂的下脚料等动物性饲料（以下简称"动物性饲料"）。每日投喂 3 ~ 4 次，除早上、下午和傍晚各投喂一次外，有条件的宜在午夜增投一次。日投喂量以幼虾总重的 5% ~ 8% 为宜，具体投喂量应根据天气、水质和虾的摄食情况灵活掌握。日投喂量的分配如下：早上 20%，下午 20%，傍晚 60%；或早上 20%，下午 20%，傍晚 30%，午夜 30%。

（4）水质管理及水位调控。

4 月幼虾投放后随即加水，淹没田面 20 ~ 30cm，4—5 月保持田面水深 30 ~ 40cm，捕捞成虾期间，逐渐加深水位至 40 ~ 50cm。早晚巡池，观察水质变化。在幼虾培育期间水体透明度应为 10 ~ 20cm。水体透明度用加注新水或施肥的方法调控。

（5）选择亲虾的标准。

①颜色暗红或深红色、有光泽，体表光滑无附着物；

②雄性个体宜大于雌性个体，雌性个体重应在 30g 以上，雄性个体重应在 35g 以上；

③雌、雄性亲虾应附肢齐全、无损伤，无病害、体格健壮、活动能力强。

3. 清除敌害

稻田饲养小龙虾，其敌害生物以蛙、水蛇、黄鳝、肉食性鱼类、水老鼠及水鸟为主。每年在中稻收割期间、稻田灌水前，环形沟内要清除敌害生物。清除敌害生物有茶粕消毒、鱼藤酮消毒两种方法。

①茶粕消毒。30kg/ 亩浸泡后遍撒。②鱼藤酮消毒。每亩水深 1m，用 2.5% 鱼藤酮乳油 1 300mL 或 7.5% 鱼藤酮乳油 700mL，用时将乳油兑水稀释 10 ~ 15 倍遍洒。

4. 病害防治

小龙虾常见疾病及症状和防治方法见表 4-2。

表 4-2　小龙虾常见疾病及症状和防治方法

病名	病原	症状	防治方法
纤毛虫病	纤毛虫	纤毛虫附着在成虾、幼虾、幼体和受精卵的体表、附肢、鳃等部位，形成厚厚的一层"毛"	（1）用生石灰清塘，杀灭池中的病原；（2）用 0.3mg/L 四烷基季铵盐络合碘全池泼洒

病名	病原	症状	防治方法
甲壳溃烂病	细菌	初期病虾甲壳局部出现颜色较深的斑点，然后斑点边缘溃烂、出现空洞	（1）饲料要投足，防止争斗，避免损伤； （2）用 10～15kg/ 亩的生石灰兑水全池泼洒，或用 2～3g/m² 的漂白粉全池泼洒，可以起到较好的治疗效果。但生石灰与漂白粉不能同时使用
病毒性疾病	病毒	初期病虾螯足无力、行动迟缓、伏于水草表面或池塘四周浅水处；解剖后可见少量虾有黑鳃现象、普遍表现肠道内无食物、肝胰脏肿大、偶尔见有出血症状（少数头胸甲外下缘有白色斑块），病虾头胸甲内有淡黄色积水	（1）用聚维酮碘全池泼洒，使水体中的药物浓度达到 0.3～0.5mg/L； （2）或者用季铵盐络合碘全池泼洒，使水体中的药物浓度达到 0.3～0.5mg/L； （3）也可以采用单元二氧化氯 100g 溶解在 15kg 水中后，均匀泼洒在 1 亩（按平均水深 1m 计算）水体中； （4）聚维酮碘和单元二氧化氯可以交替使用，每种药物可连续使用 2 次，每次用药间隔 2d

5. 成虾捕捞

（1）捕捞时间。

第一茬捕捞时间从 4 月中旬开始，到 5 月底结束。第二茬捕捞时间从 8 月上旬开始，到 9 月底结束。

（2）捕捞工具。

捕捞工具主要是地笼。地笼网条长 10～20m，网眼规格应为 2.5～3.0cm，捕捞时遵循捕大留小的原则。

（3）捕捞方法。

将地笼按每亩一条布放于稻田及虾沟内，每隔 3～10d 转换地笼布放位置。捕捞尾期，缓慢降低稻田水位，直至排干田面积水。

（四）水稻栽培管理

1. 品种选择

可以选择黄科占 8 号和隆稻 3 号作为虾稻品种种植。

2. 稻田整理

在靠近虾沟田面围上高 30cm、宽 20cm 的周埂，将环沟与田面分隔开。整田时间尽可能短，防止沟中小龙虾因长时间密度过大而造成不必要的损失。可采用免耕抛秧法。

3. 施足基肥

在插秧前 10 ～ 15d，每亩施农家肥 200 ～ 300kg，尿素 10 ～ 15kg，均匀撒在田面并用机器翻耕耙匀。

4. 秧苗移植

6 月中旬开始移植秧苗，采取浅水栽插，条栽与边行密植相结合，密度以 30cm×15cm 为宜。

5. 稻田管理

（1）水位控制。

3 月，稻田水位控制在 30cm 左右；4 月中旬以后，稻田水位应逐渐提高至 50 ～ 60cm；6 月插秧后，前期薄水返青、浅水分蘖、够苗晒田；晒田复水后湿润管理，孕穗期保持一定水层；抽穗后采用干湿交替管理，高温深水调温；收获前一周断水。10—11 月稻田水位控制在 30cm 左右，稻蔸露水 10cm 左右；控制水位 40 ～ 50cm 越冬。

（2）施肥。

前促中控后补。每亩化肥总量控施纯氮肥 12 ～ 14kg、磷肥 5 ～ 7kg、钾肥 8 ～ 10kg。严禁使用氨水等对小龙虾危害较大的化肥。

（3）晒田。

要求轻晒或短期晒，田块晒田到中间不陷脚、表土不发白（开裂）。晒后及时复水。

6. 病害防治

（1）虫害防治。

物理防治，按每 50 亩安装一盏杀虫灯的标准诱杀成虫。生物防治，利用和保护好害虫天敌，使用性诱剂诱杀成虫，使用杀螟杆菌及生物农药 Bt 粉剂防治螟虫。化学防治，重点防治稻蓟马、螟虫、稻飞虱、稻纵卷叶螟等。

（2）病害防治。

重点防治纹枯病、稻瘟病、稻曲病等。

7. 排水、收割

排水时应将稻田水位快速下降到田面 5 ～ 10cm，然后缓慢排水，促使小龙虾在环沟和田间沟中掘洞。环沟和田间沟最后保持水位 10 ～ 15cm 即可收割水稻。

十六、"稻＋鸭＋蛙"生态协同种养技术

稻田长期大量施用化学农药，不仅污染环境和农产品，使害虫产生抗药性，且杀伤大量天敌，影响田间生态平衡和实际控害效果，这是当前病虫害防治中值得高度重视的问题。病虫害的绿色防控是指综合运用各种生态调控措施和生物、理化技术，对病虫害实行可持续治理。绿色防控主要表现在其指导思想是生态学、生物学、经济学和生态调控论，总体目的是发展生态农业，保护生态环境，大量生产无公害农产品或绿色食品。"稻＋鸭＋蛙"生态协同种养技术就是上述理念的生动阐释。

该技术主要通过稻、鸭、蛙生态种养模式构建，达到优化系统内病虫草害控制、稻与肉鸭安全高效产出、平衡系统生态等目的。"稻＋鸭＋蛙"绿色生产模式全程应用病虫草害绿色防控集成技术，化学农药、化学肥料使用量大大减少，农田生物多样性逐步修复，沟渠明显可见小鱼、青蛙等，空中白鹭等鸟类数量增多。据调查测算，核心示范区每公顷减少农药用量 1 200g，化肥用量 1 200kg，该技术入选了农业农村部"作物生产固碳减排与气候适应技术模式"。

通过多年示范应用，主要杂草总防效达 90% 以上；二化螟防治效果达85%；纹枯病防治效果达 65% 以上；稻飞虱防治效果达 90% 以上；田间化学农药投入量减少 100%，化肥投入量减少 30% 以上。优质绿色再生稻头季产量 535.5kg/ 亩，再生季 286.3kg/ 亩，头季产值 1 285.2 元，再生季产值 1 145.2元，合计 2 430.4 元 / 亩。鸭亩产值 630 元左右，全年亩总投入 1 220 元，亩纯

收益1840.4元。

（一）技术要点

品种选择与准备。选用抗逆性强、米质国家标准二级以上的优良水稻品种。再生稻要求在3月中旬浸种育秧，中稻或一季晚稻在主推区适宜播期浸种育秧。每亩准备18～20只洞庭小麻鸭和80～100只规格为40～50g的蛙苗。

田间管理。秧龄达25d左右适时栽插，再生稻栽插密度14cm×30cm，中稻或一季晚稻栽插密度16cm×30cm。每亩施用生物有机肥80kg、复混肥20kg作基肥，分蘖期追施亩用复合肥20kg作分蘖肥。每30亩安装杀虫灯1盏，每亩安装性诱捕器1个。亩基本苗达22万左右开始晒田，移鸭出田到沟渠池塘，复水后再将鸭子还田。植保全程配备物理生物防控和植物花卉防控。

投放青蛙。插秧完毕后，及时投放青蛙，密度为80～100只/亩。

投放役鸭。插秧后15d左右，视苗情投放鸭苗，每亩18～20只，每5亩建1个鸭舍。每天可以辅助饲料喂鸭1次，稻田内杂草多的地方，适量投放饲料，吸引鸭子除草。可以用航拍无人机实施水、肥、病、虫和长势等情况的监管；前期投放工作鸭进行除虫、除草，赶鸭下田和收鸭回舍可以使用两种不同的音乐，赶鸭下田时可以利用农用无人机在田里适当地播撒一些饲料，收鸭回舍时要在鸭舍投放饲料；齐穗后，田里不再长草，可以收鸭回舍圈养。

适时收割。稻谷黄熟后及时收割，收割后及时复水，便于役鸭回田育肥。

（二）注意事项

协调好秧龄与鸭龄的关系，避免鸭苗下田时秧苗过小，出现鸭苗践踏秧苗现象。条件允许前提下，可以适当提高蛋鸭比例，以利于育肥阶段收获鸭蛋，提高综合效益。高温时节注意防止鸭中暑以及鸭瘫和浆膜炎等病害。

第五章　水稻病害防控技术

病虫草害的频发不利于水稻的生产，适量喷洒化学农药可以有效防治病虫草害，每年为农作物生产挽回 30% 的损失，但由于农民缺少相关的病虫害防治知识，未根据病虫害发生类型、发生规律、发生规模进行有针对性的防治，长期不规范的施药方式不仅造成了农药流失，还提高了作物药害发生的可能性和害虫的抗药性。据统计，2020 年我国水稻、玉米、小麦的农药沉积率为 40.6%。规范的施药方式和绿色高效的农药产品可以提高农药利用效率，缓解环境污染。目前，水稻病害的防控技术主要采用农业防治、物理防治、辅助化学农药防治的综合防治技术体系，实行专业防治、统防统治，可以显著提高防治效果。

在水稻的"一生"中，从苗期到开花期，再到灌浆期，会遭遇不同类型的病虫害，而且由于早中晚稻的种植季节存在差异，其遭遇的病虫害也会存在不同。表 5-1 以早中晚稻为单元，随着生育期推进主要列举了水稻生产中可能会遭遇的病虫害，有利于我们更清晰地认识病虫害的发生规律。

表 5-1　早中晚稻种常见的病虫害

作物	病虫名称	防治时期	防治指标	防治措施
早稻	一代二化螟	5月上旬	每平方丈两个卵块	每亩可选用 6.8% 氟虫双酰胺＋3.2% 阿维菌素 50mL、200g/L 氯虫苯甲酰胺 10mL、40% 氯虫噻虫嗪 8 g、20% 甲维·毒死蜱 60 ～ 80g、1.8% 阿维菌素 80 ～ 100mL 分别兑水 50kg 细喷雾
	纹枯病	6月中下旬	病蔸率 30%	亩用 15% 井冈·丙环唑可湿性粉剂 13 ～ 26g 或 20% 井冈霉素水溶性粉剂 40g

续表

作物	病虫名称	防治时期	防治指标	防治措施
中稻	三代稻飞虱	7月下旬至8月上旬	稻飞虱百蔸虫量1200头	亩用25%噻嗪酮可湿性粉剂25g或25%噻虫嗪水分散粒剂3g或25%吡蚜酮可湿性粉剂25g防治一次。稻飞虱和稻纵卷叶螟混发田块，可与丙溴磷、毒死蜱混用防治
	四代稻飞虱	8月下旬至9月上旬	稻飞虱百蔸虫量1200头	亩用25%噻嗪酮可湿性粉剂或25%噻虫嗪水分散粒剂3g或25%吡蚜酮可湿性粉剂25g防治一次。稻飞虱和稻纵卷叶螟混发田块，可与丙溴磷、毒死蜱混用防治
	三代稻纵卷叶螟	7月下旬至8月上旬	百蔸一寸以下绿色小苞50个	每亩可选用6.8%氟虫双酰胺＋3.2%阿维菌素50mL、200g/L氯虫苯甲酰胺10mL、40%氯虫噻虫嗪8g、20%甲维·毒死蜱60～80g、1.8%阿维菌素80～100mL分别兑水50kg细喷雾
	纹枯病	8月上旬	病蔸率50%	亩用15%井冈·丙环唑可湿性粉剂13～26g或20%井冈霉素水溶性粉剂40g
	叶稻瘟	7月30日之前	见病施药	亩用20%三环唑可湿性粉剂100g、25%咪鲜胺乳油60～100mL或2%春雷霉素液剂100mL防治一次。病叶率达5%的田块防治两次
	纹枯病	8月中旬至9月下旬	病蔸率30%	亩用15%井冈·丙环唑可湿性粉剂13～26g或20%井冈霉素水溶性粉剂40g
	稻曲病	8月上旬至9月上旬	水稻破口前3～5d	亩用15%井冈·丙环唑可湿性粉剂13～26g、30%苯丙·丙环唑乳油15～25mL或20%井冈霉素水溶性粉剂40g＋磷酸二氢钾100g喷雾防治
	稻瘟病	9月上旬	水稻破口5%	亩用20%三环唑可湿性粉剂100g、25%咪鲜胺乳油60～100mL或2%春雷霉素液剂100mL喷雾防治一次

续表

作物	病虫名称	防治时期	防治指标	防治措施
晚稻	南方水稻黑条矮缩病	7月中旬至9月底	白背飞虱百蔸虫量1 200头	在播种移栽时实行浸种、拌种和带药移栽，在带毒白背飞虱迁入秧田和本田初期，选用噻嗪酮、醚菌酯、吡虫啉、吡蚜酮等速效和特效药进行防治，具体实施方法同稻飞虱
	四代稻飞虱	8月下旬至9月上旬	稻飞虱百蔸虫量1 200头	亩用25%噻嗪酮可湿性粉剂25g或25%噻虫嗪水分散粒剂3g或25%吡蚜酮可湿性粉剂25g防治一次。稻飞虱和稻纵卷叶螟混发田块，可与丙溴磷、毒死蜱混用防治
	五代稻飞虱	9月下旬以后	稻飞虱百蔸虫量1 200头	亩用25%噻嗪酮可湿性粉剂25g或25%噻虫嗪水分散粒剂3g或25%吡蚜酮可湿性粉剂25g防治一次。稻飞虱和稻纵卷叶螟混发田块，可与丙溴磷、毒死蜱混用防治
	四代稻纵卷叶螟	8月下旬至9月上旬	百蔸一寸以下小苞50个	每亩可选用6.8%氟虫双酰胺＋3.2%阿维菌素50mL、200g/L氯虫苯甲酰胺10mL、40%氯虫噻虫嗪8g、20%甲维·毒死蜱60～80g、1.8%阿维菌素80～100mL分别兑水50kg细喷雾
	纹枯病	8月中旬至9月下旬	病蔸率30%	亩用15%井冈·丙环唑可湿性粉剂13～26g或20%井冈霉素水溶性粉剂40g
	稻曲病	9月中旬至9月下旬	水稻破口前3～5d	亩用15%井冈·丙环唑可湿性粉剂13～26g、30%苯丙·丙环唑乳油15～25mL或20%井冈霉素水溶性粉剂40g＋磷酸二氢钾100g喷雾防治
	稻瘟病	9月下旬	水稻破口5%	亩用20%三环唑可湿性粉剂100g、25%咪鲜胺乳油60～100mL或2%春雷霉素液剂100mL喷雾防治一次

除上述病虫害外，水稻的"一生"还会遭遇立枯病、青枯病、纹枯病、白叶枯病、水稻条纹叶枯病、恶苗病、水稻烂秧病、水稻胡麻叶斑病、水稻菌核秆腐病、细菌性条斑病、细菌性基腐病等十多种病害，这些病害的发病原因和防治方法有较大差异，为此在下文中一一对这些病害的发病特征、发病原因以及防治措施进行了概述，以便为水稻生产提供技术支撑。

一、水稻立枯病

水稻立枯病又名黄枯病，是水稻旱育秧最主要的病害之一，其发病的主要原因是气温过低、温差过大、土壤偏碱、光照不足、秧苗细弱、种量过大等因素，田间症状主要表现为出苗后秧苗枯萎，容易拔断，茎基部腐烂，有烂梨味，发病较重的整片死亡，病株基部多长有赤色霉状物。立枯病往往心叶死得比下部早。

旱育秧立枯病成为旱育稀植技巧的最大障碍，正常条件发病率15%左右，因为气候、管理等方面的起因，毁灭性发病也屡见不鲜。该病害是受多种不利环境的因素影响，导致秧苗的抗病能力降低，从而被镰刀菌、立枯兹核菌和稻蠕泡菌等乘虚侵入所致的苗期病害。水稻立枯病是由真菌引起的，其症状主要表现在植株的叶片和秆部。

（一）发病特征

1. 叶片枯黄

患病的水稻叶片会逐渐变黄，并从叶尖开始出现枯黄斑块。随着病情加重，这些斑块会逐渐扩大并融合，导致整片叶片变黄枯萎。

2. 叶片枯死

受病菌侵染的叶片逐渐枯死，并从叶尖部分开始逐渐蔓延到整片叶片。枯死的叶片质地干燥，变得脆弱易碎。

3. 秆部变黑

水稻植株的秆部也受到病菌的侵害，出现黑斑，逐渐扩大并导致秆部变黑。受感染的秆部变得脆弱，易折断。

4. 植株倒伏

由于水稻立枯病导致的秆部腐烂和损坏，植株失去了支撑力，容易倒伏在地面上。

（二）发病原因

水稻立枯病主要是由真菌物质产生的病原体引起的。真菌主要通过土壤、种子和残体等途径传播，并在适宜的温湿条件下迅速繁殖。以下是一些导致水稻立枯病的主要原因。

1. 病原菌感染

水稻立枯病的主要病原菌是立枯病菌（*Magnaporthe oryzae*），它能通过土壤、种子和残体等途径传播到水稻植株上，并在适宜的温湿条件下引发病害。

2. 天气条件

适宜的温湿条件是水稻立枯病暴发的关键。适宜的温湿条件包括高湿、高温和频繁的降雨，这些条件有利于立枯病菌的繁殖和传播。特别是在水稻生长期间，如果出现连续的阴雨天气，会加剧病害的发展。

3. 水稻品种的抗病性差

不同的水稻品种对立枯病的抵抗能力有所差异。一些品种对立枯病较为敏感，容易受到感染和损害，而抗病性较强的品种可以减少病害发生的可能性。

4. 土壤管理不当

土壤中存在的病原菌是水稻立枯病的潜在来源之一。不合理的土壤管理措施，如连作、缺乏适当的翻耕和消毒等，会导致病原菌在土壤中积累并引发病害。

（三）防治措施

针对水稻立枯病的防治，可以采取综合的管理措施来减少病害的发生和扩散。以下是一些常用的防治方法。

1. 选择抗病性强的品种

选用具有抗病性的水稻品种是防治立枯病的关键。一些抗病性强的品种如超级优质、云优杂交水稻等，可以有效降低病害发生的风险。

2. 合理的田间管理

注意合理的田间管理措施，如适时翻耕、间套种植、合理施肥和灌溉等。这些措施有助于改善土壤条件，增强水稻植株的免疫力，减少病原菌的传播。

3. 种子处理

在播种前，可以将种子进行处理，如浸种、热水处理或化学处理，以杀灭种子表面的病菌，减少病原的传播。

4. 农药防治

在病害严重时，可考虑使用农药进行防治。对于水稻立枯病，常用的农药有三唑酮、嘧菌酯、多菌灵等。使用农药时，应按照农药的使用说明和建议剂量进行正确施用，避免滥用和不当使用。

5. 积极管理水田水体

合理管理水田水体，如及时疏通排水沟、调整水位、控制田间积水等，有助于减少水稻立枯病菌在水中的存活和传播。

6. 病株和秸秆处理

及时清除田间的病株和秸秆残体，避免它们成为病菌的潜在源，减少病害的传播。

二、水稻青枯病

（一）发病特征

青枯病属于土传病害，各地多数属于生理性青枯，所谓青枯病就是系由水稻生理失调失水所致，青绿色快速干枯，一般在 2.5 叶期前后发生，低温过后突转酷热天气，秧苗体内水分大量突发散失，导致生理失调，点穴点片开始发病，心叶或上部叶片失水卷曲，呈暗绿色，根毛少，1 ～ 2d 内扩散成片，叶片打绺萎蔫干枯，出现成片青绿枯死。水育秧和乳芽直播不容易得青枯病。旱育秧、过水育秧和大棚育秧容易得青枯病。

（二）发病原因

低温不易生根，地表温度过低秧苗根系弱小，秧苗养分、水分无法及时供应；棚内温度过高、湿度大、通风炼苗晚，秧苗徒长。通风炼苗时秧苗叶片水分迅速蒸发，根系无法及时补充养分和水分，导致秧苗打绺萎蔫干枯死亡。底肥量大、追肥过量过急或盐碱重、根部受伤、苗床缺水也是引起青枯病的主要原因。

（三）防治措施

1. 选好育秧田，深挖水沟

降低地下水位，增加土壤的通透性，避免床面返盐返碱伤根引起青枯。

2. 少施底肥

壮秧剂 500g：20 盘土或二铵 1：100 盘土均匀搅拌。

3. 及早通风炼苗控制旺长徒长

秧苗达到 1 叶 1 心叶时即可通风炼苗。施生根剂促进根系生长；灌水上床，连续阴雨低温突转晴天高温天气，预防青枯病最好的办法就是及时灌水护苗，高温时段水深达到苗高的 2/3，午后气温回落排水落干，减少叶片水分蒸发，晴天灌水，阴天落干。平铺育秧可采用地面灌水调温，避免青枯病的发生。

4. 土壤消毒

①25% 甲霜灵粉剂 100g 拌种 50kg；②播种前或播种后床面泼浇，或秧苗 1.5 叶期，用 25% 甲霜灵·霜霉威可湿性粉剂 $1g/m^2$，兑水 2～2.5kg，用喷壶喷浇于床面。

5. 发病初期傍晚施药

25% 甲霜灵粉剂 800～1 000 倍液或 30% 甲霜灵·噁霉灵水剂 2 000～4 000 倍泼洒。

三、稻瘟病

稻瘟病又名稻热病、火烧瘟、叩头瘟，是我国南北稻作区危害最严重的水稻病害之一，与纹枯病、白叶枯病并称水稻三大病害。一般山区重于平原。品种间对稻瘟病抗性差异明显。主要为害水稻叶片、茎秆、穗部。该病一般造成减产 10%～20%，重的可达 40%～50%，甚至颗粒无收。历史上曾多次因该病的大面积发生流行造成巨大损失。

（一）发病特征

稻瘟病在水稻各生育期都可发生，按其发病部位不同，可分为苗瘟、叶瘟、节瘟、穗颈瘟和谷粒瘟，其中穗颈瘟对产量影响最大。

1. 苗瘟

一般发生在 3 叶期后，先在幼芽基部和芽鞘上出现水渍状病斑，后变黑褐色，上部呈黄褐或淡红褐色，后卷缩枯死。

2. 叶瘟

在秧苗 3 叶期后及本田期的叶片上发生。根据水稻的抗病性和气候条件不同，有白点型、急性型、慢性型和褐点型 4 种病斑类型。白点型病斑为白色近圆形的小斑点，多在雨后天晴，突转干旱或稻田缺水的情况下在嫩叶上发生，病斑上不产生孢子；急性型病斑呈暗绿色，多数近圆形或椭圆形，其后逐渐发展为纺锤形，病斑上密生绿色霉；慢性型病斑呈梭形，中央灰白色，边缘红褐色，外围有黄色晕；褐点型病斑通常在老叶或抗病品种上产生褐色小点，一般不产生孢子。

3. 节瘟

多发生在穗颈下第一、第二节上，起初呈褐色或黑褐色略凹陷的小点，以后环状扩大至整个节部，潮湿时上面长出一层灰色霉。

4. 穗颈瘟

发生在穗颈、穗轴和枝梗上，产生褐色或墨绿色变色部。发病早的形成白穗，发病迟的谷粒不饱满。

5. 谷粒瘟

发生在谷壳和护颖上。发病早的形成秕谷，呈椭圆形或不规则的褐色斑点。

（二）发病原因

病菌以菌丝、分生孢子在种子和病稻草上越冬。带菌种子播种后，可引起苗瘟；当气温回升到约 20℃，天气降雨潮湿时，病稻草上的病菌即不断产生分生孢子，借风、雨水传播，使早稻秧苗或大田稻株发病。病株上的分生孢子可进行再次侵染。病菌随风飘落到稻株上，只要遇上水滴即可发芽，侵入稻株组织，吸收养分，破坏细胞，最短只要 4d 就可在侵入处看到病斑。

病菌分生孢子形成和侵入的最适温度为 24～28℃，相对湿度 92% 以上，如遇低温、阴雨时，水稻生长嫩绿，易造成穗瘟大流行。北方单季粳稻区，7—8 月正值雨季，气温上升到 20～25℃时，一般叶穗瘟重；长江中下游双季稻区，5—6 月为梅雨季节，8—10 月常有秋雨、台风及寒流，于 6 月中旬至 7 月上旬及 8 月下旬至 10 月上旬往往形成两个发病高峰，一般晚稻重于早稻；华南双季稻区，4—6 月持续阴雨，10 月晚稻抽穗期降温多雾，一般早稻发病重于晚稻；西南云贵高原，一季中稻的分蘖期多为低温阴雨天气，发病较重，孕穗、抽穗期遇阴雨年份，常造成颈稻瘟流行。

（三）防治措施

1. 处理病谷、病稻草

及时处理病谷、病稻草，以减少菌源。

2. 种子处理

种子处理的药剂有 1% 石灰水，10% 的"401"抗菌素 1 000 倍液，或 80% 的"402" 2 000 倍液浸种 48h，或强氯精浸种，浸种后要充分洗净，再催芽。

3. 施足基肥

根据苗情分期分次追肥，避免过量、过迟施用氮肥，适当增施磷钾肥。灌水要掌握浅水勤灌、干干湿湿。分蘖后期适时搁田，以促进稻株健壮，增强抗病力。

4. 适时喷药保护

在移栽时，可用三环唑或稻瘟灵 700 倍液浸秧 5min，闷秧 30min 后移栽，可有效地抑制大田叶瘟的发生。大田期应在苗期、叶瘟发病初期用药，及时扑灭发病中心。穗颈瘟应在破口始穗期和齐穗期各用药1次。对生长嫩绿、多肥贪青的田块，在灌浆时再用药1次。常用药剂有40%富士1号或稻瘟灵700倍液，20%三环唑可湿性粉剂每亩100～150g，均有较好的防治效果。

四、稻曲病

稻曲病又名青粉病，属真菌性病害（图5-1）。过去很少发生，且危害很轻，一般不采取专门的防治措施。20世纪70年代后期，该病在江苏、浙江、安徽、江西等省逐年加重，继而蔓延至陕西、河北等省，已成为水稻生产上亟待解决的病害。水稻植株发病后，不仅破坏谷粒，而且影响穗重，污染稻米，不利于人体健康。

图5-1　稻曲病症状

（一）发病特征

该病发生后，可在稻穗上明显地看到一颗颗玉米粒大的墨绿色或橄榄色粉包（孢子座和厚垣孢子）。病粒的剖面显示，中心为菌丝组织密集构成的白色肉质块，外围因产生厚垣孢子的菌丝成熟度不同，又可分为3层：外层最早成熟，呈墨绿色或橄榄色；第二层成熟次之，为橙黄色；第三层成熟更次之，呈淡黄色。

（三）发病原因

稻曲病菌的菌核一般在地面过冬，厚垣孢子在病粒内或健粒颖壳上过冬。

第二年7—8月，菌核萌发形成子座，在上着生子囊壳，其中的子囊孢子逐步成熟。此时厚垣孢子也可萌发产生分生孢子。子囊孢子和分生孢子都可借气流传播，侵染花器和幼颖。病菌早期侵害子房、花柱及柱头，后期侵入幼嫩颖果的外表和果皮，再蔓延到胚乳中，然后大量繁殖，形成孢子座。温度24～32℃时病菌发育良好，最适温度为26～28℃，34℃以上时不能生长。水稻在生长后期过于嫩绿和茂盛，抽穗开花期适逢降雨而湿度高，雨后又回暖高温，有利于病菌的发育。氮肥施得过多或田水落过迟，或在稻株接近成熟时，叶片仍保持浓绿，则发病较重。

（三）防治措施

浸种前进行种子消毒，同稻瘟病。对感病品种和前期生长嫩绿的田块以及头年发病重的田块，于孕穗期用第一次药，始穗期如果雨量多、日照少，则抢在雨前或雨间歇时施第二次药。常用农药有50%多菌灵或40%异稻瘟净乳油，每亩每次用药100～150g，加水50L喷雾；也可用40%胶氨铜500倍液或3%井冈霉素600倍液喷雾，均有一定防效。

五、纹枯病

稻纹枯病又称烂脚、花脚，是水稻的主要真菌病害之一，我国各稻区均有发生，尤以长江流域和南方稻区发生最为普遍。杂交稻施氮肥量增加，稻株分蘖多，茎叶繁茂，田间更为荫蔽，有利于稻纹枯病的发生和发展。一般轻病田块减产5%～10%，重病田块可减产20%～30%，或更高。

（一）发病特征

稻纹枯病是一种高温高湿的病害，一般在分蘖末期开始发生，圆秆拔节到抽穗期盛发，主要为害叶鞘及叶片。发病初期，先在近水面的叶鞘上产生暗绿色水渍状斑点，后逐渐扩大成椭圆形或云波状，边缘绿色，中部淡褐色或灰白色。病斑多时，常数个融合成不规则云纹斑块，引起叶片枯黄。高温高湿时，病部长出白色蜘蛛网状的菌丝体，先聚缩成白色菌丝团，后变成黑褐色的菌核。湿度大时病斑表面产生一层白色粉状子实层，即病菌的担子和孢子。

（二）发病原因

病菌主要以菌核在土壤中越冬，也能以菌丝和菌核在病稻草、田边杂草及其他寄主上越冬。春耕灌水耕耙后，越冬菌核漂浮于水面，插秧后菌核附在稻丛近水面的叶鞘上。当气温达15℃时菌核萌发长出菌丝，通过稻株气孔或直接侵入表皮，在植株组织内不断向四周水平扩展或上下垂直扩展，形成病斑。

过多或过迟追施氮肥，水稻徒长嫩绿；灌水过深，排水不良，造成通风透光差，田间湿度大，从而加速菌丝的伸长和蔓延。25～32℃时，发病最盛。矮秆多穗型品种分蘖多，叶片密集，容易感病。华南北部稻作区，一般早稻病情重于晚稻；华南南部稻作区，晚稻重于早稻，但中稻的病情趋势比晚稻重；长江上游稻作区，中稻重于早稻，早稻重于晚稻；长江中下游稻作区，早稻重于晚稻，中稻比早稻轻，比晚稻重；北方稻区，发病迟而缓慢，局部为害严重，大面积受害轻，流行期最短。

（三）防治措施

1. 清除菌源

在秧田或本田翻耕、灌水、耙田时，大多数菌核浮于水面，用簸箕打捞晒干烧毁或就地深埋，并结合积肥铲除田边杂草，以减少菌核来源。

2. 合理密植，施足基肥

根据苗情适施追肥，做到氮、磷、钾肥相配合，农家肥与化肥，长效肥与速效肥相配合。

3. 药剂防治

当穴发病率达20%～30%或病害在水平扩展阶段时施药最好，常用的农药有5%井冈霉素水剂每亩200～250mL或20%井冈霉素粉剂每亩100g，或50%多菌灵可湿性粉剂每亩100g加水50L喷雾，均可收到一定的防治效果。

六、白叶枯病

稻白叶枯病又称白叶瘟，是水稻常见的主要细菌性病害之一（图5-2）。我国除新疆外，其他各省（区）都有发生。一般杂交稻重于常规稻，近年来，随着南繁制种的频繁调运，带病种子的扩散，病害逐步蔓延。受害后一般减产二三成，严重的达五六成，凋萎型白叶枯病造成的损失更重。

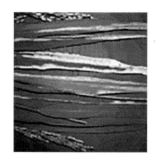

图5-2　白叶枯病症状

（一）发病特征

稻白叶枯病主要为害叶片，田间常见的症状有下列几种类型。

1. 叶缘型

病斑一般从叶尖的两侧或叶缘的一侧发生，也可从叶片任何部位的伤口发生，初现暗绿色水渍状短侵染线，后呈暗褐色。早晚露水未干时病斑表面常可见到黄白色混浊的水珠状菌脓，干燥后呈蜜黄色，似鱼子状。

2. 中脉型

病斑先在叶片的中脉部位出现。初为淡黄色，逐渐变成枯黄或枯白色。病斑由中脉向上下两端发展，而中脉两侧仍保持绿色。

3. 青枯型

感病植株的叶片呈现失水青枯，没有明显的病斑边缘，往往是全叶青枯；病部青灰色或灰绿色，叶片边缘略有皱缩或卷曲，在茎基部或病叶叶鞘内可见到大量菌脓。

4. 凋萎型

幼苗卷叶失水青枯或缩叶失水青枯。此症状多出现于秧田后期至本田拔节期，尤以移栽后 15～20d 出现最多。病株心叶或心叶下 1 叶首先呈现失水现象，随后纵卷枯萎，似螟害造成的初期枯心。剥开青卷的心叶可见大量黄色菌脓，或出现褐色不透明的短条斑。用手挤压病株的茎基部，也有大量黄色菌脓流出。

（二）发病原因

传播病害的主要来源是带菌种子，其次是未腐烂的病稻草，李氏禾等田边杂草也可能传病。在病稻草、病谷和病稻桩上越冬的病菌，翌年播种后，只要遇上雨水，便可随水传播到秧田侵入秧苗而发病。病菌可从水孔、伤口侵入，也可从新根生长时造成的微小伤口侵入。病株体内的病菌，经增殖和积累后从叶片水孔排出菌脓，借风雨飞溅，或补雨水淋洗后随灌溉水流窜，不断进行再传播，扩大蔓延。通常植株自分蘖末期至抽穗阶段最易感病，尤其是高温、高湿、多雾和台风暴雨的侵袭，能引起病害的严重发生。最适发展温度为 26～30℃，高于 33℃或低于 17℃，病害发展受到抑制。长期灌深水或稻株受淹则病害重，偏施氮肥，追肥过迟或过多，也有利于病害的发展。一般籼稻较粳稻抗病，而粳稻中窄叶品种又比阔叶品种抗病；早稻和晚稻比中稻抗病；中稻中又以杂交稻易感病。在海南稻田内，全年都可发生和传播病害，不存在病菌的越冬问题，因此，为终年发病区；南方双季稻病区，北纬 22°～30° 的江淮流域稻区，每年 5—11 月发生，流行高峰在两季水稻的孕穗期；北方淮河流域的单季粳稻区于 7—9 月才见发病，但病情较南方轻。

（三）防治措施

1. 选用抗病品种

积极选育和推广具有中等抗性兼丰产性状的良好组合，以减少发病的机会。

2. 严格进行植物检疫

确保无病区不引进有病种子，并建立无病留种田。

3. 消毒灭菌

结合积肥，将病稻草、病谷烧沤积肥，切忌用病稻草催芽、扎秧把。用 1% 石灰水、50 倍液福尔马林浸种 3h，或用 500U 的氯霉素液浸种 48 ～ 72h，均可收到良好的杀菌效果。

4. 改进栽培管理

选择地势较高，排灌方便的田块作秧田，实行浅水勤灌，适时晒田。施足基肥，早施追肥，增施磷、钾肥和有机肥料，防止稻苗贪青徒长，诱发病害。

5. 药剂防治

宜于秧苗 3 叶期和移栽前各喷药 1 次。在本田期如发现有中心病团，应及时喷药，暴风雨后再喷药 1 次。常用农药有 20% 叶青双可湿性粉剂 400 ～ 500 倍液；10% 叶枯净可湿性粉剂 300 ～ 500 倍液，均有一定防效。秧田每亩每次喷 40 ～ 50L，本田每亩每次喷 75 ～ 100L。

七、水稻条纹叶枯病

水稻条纹叶枯病是由灰飞虱为媒介传播的病毒病，俗称水稻上的癌症。病株常枯孕穗或穗小畸形不实。拔节后发病在剑叶下部出现黄绿色条纹，各类型稻均不枯心，但抽穗畸形，结实很少。

（一）发病特征

苗期发病：心叶基部出现褪绿黄白斑，后扩展成与叶脉平行的黄色条纹，条纹间仍保持绿色。不同品种表现不一，糯、粳稻和高秆籼稻心叶黄白、柔软、卷曲下垂、呈枯心状。矮秆籼稻不呈枯心状，出现黄绿相间条纹，分蘖减少，病株提早枯死。病毒病引起的枯心苗与三化螟为害造成的枯心苗相似，但无蛀孔，无虫粪，不易拔起，别于蝼蛄为害造成的枯心苗。分蘖期发病先在心叶下 1 叶基部出现褪绿黄斑，后扩展形成不规则黄白色条斑，老叶不显病。籼稻品种不枯心，糯稻品种半数表现枯心。病株常枯孕穗或穗小畸形不实。拔节后发病在剑叶下部出现黄绿色条纹，各类型稻均不枯心，但抽穗畸形，所以结实很少。

（二）发病原因

本病毒仅靠介体昆虫传染，其他途径不传病。介体昆虫主要为灰飞虱，一旦获毒可终身并经卵传毒，至于白脊飞虱在自然界虽可传毒，但作用不大。最短吸毒时间 10min，循回期 4 ～ 23d，一般 10 ～ 15d。病毒在虫体内增殖，还可经卵传递。

病毒侵染禾本科的水稻、小麦、大麦、燕麦、玉米、粟、黍、看麦娘、狗尾草等 50 多种植物。但除水稻外，其他寄主在侵染循环中作用不大。病毒在带毒灰飞体内越冬，成为主要初侵染源。在大、小麦田越冬的若虫，羽化后在原麦田繁殖，然后迁飞至早稻秧田或本田传毒为害并繁殖，早稻收获后，再迁飞至晚稻上为害，晚稻收获后，迁回冬麦上越冬。水稻在苗期到分蘖期易感病。叶龄长潜育期也较长，随植株生长和抗性逐渐增强。条纹叶枯病的发生与灰飞虱发生量、带毒虫率有直接关系。春季气温偏高，降雨少，虫口多，发病重。稻、麦两熟区发病重，大麦、双季稻区病害轻。

（三）防治措施

1. 综合策略

坚持"预防为主，综合防治"的植保方针，采取"切断毒源，治虫防病"的防治策略，狠治灰飞虱，控制条纹叶枯病。具体措施如下。

2. 调整稻田耕作制度和作物布局

成片种植，防止灰飞虱在不同季节、不同熟期和早、晚季作物间迁移传病。忌种插花田，秧田不要与麦田相间。

3. 种植抗病品种

因地制宜选用中国 91、徐稻 2 号、宿辐 2 号、盐粳 20、铁桂丰等。

4. 调整播期

移栽期避开灰飞虱迁飞期。收割麦子和早稻要背向秧田和大田稻苗，减少灰飞虱迁飞。加强管理，促进分蘖。

5. 治虫防病

抓好灰飞虱防治：结合小麦穗期蚜虫防治，开展灰飞虱防治，清除田边、地头、沟旁杂草，减少初始传毒媒介。

八、水稻恶苗病

水稻恶苗病又名徒长病、白秆病，也称公稻子，属于真菌性病害，从苗期到抽穗期均可发生。显症高峰表现在秧苗期、本田期、抽穗期。其中水稻苗期最易感病，中国各稻区均有发生。

（一）发病特征

1. 苗期症状

病苗因根系发育不良，生长纤细、瘦弱，全株淡黄绿色，比健株高出近1/3，叶片较窄，大部分病株移栽前即枯死，少数病株移栽后25d内枯死。空气湿度大时在枯死苗近地面部分有时产生淡红色或白色霉状物，即病菌的分生孢子。水稻苗期发病程度与种子带菌有关。

2. 本田期症状

带菌秧苗节间明显伸长，表现徒长，比健株高，叶色淡黄绿色，分蘖少或不分蘖，下部茎节节间逆生出许多白色或黄褐色的不定须根，剥开叶鞘，可见茎秆上有暗褐色条斑，剖开病茎可见生有白色的霉物，以后茎秆腐朽，植株逐渐枯死，发病轻的病株会提前抽穗，穗形短小或籽粒不实，有的变成白穗。发病重的病株一般在抽穗前或抽穗后即枯死，枯死病株的表面长满淡红色或白色粉霉。近几年在本田期还有正常型、矮化型和早穗型等几种症状混合发生。

3. 抽穗期症状

发病的植株一般抽穗较早，病轻的植株有的无明显症状，但内部有菌丝潜伏；有的仅在谷粒基部或变为褐色，穗小，谷粒少，或为不实粒。病重的植株谷穗严重的变褐，不能结实变成瘪粒，有的病粒谷壳的内外颖合缝处着生有浅红色霉层。

（二）发病原因

恶苗病属高温性病害，是喜高温病菌，高温对水稻恶苗病病菌繁殖、侵染及发生极为有利。病菌生长发育适温度为25～30℃，侵染的适温度为

35℃，病轻的种子出苗后，在这种温度下开始表现症状，当温度低于20℃或高于40℃，植株出现隐症现象。旱育秧较水育秧发病重；增施氮肥刺激病害发展。施用未腐熟有机肥发病重。一般籼稻较粳稻发病重，糯稻发病轻，晚播发病重于早稻。

（三）防治措施

水稻恶苗病主要的初侵染原是带菌种子。首先要建立无病留种田，选栽抗病品种，留种时选育健壮无病的种子是有效、可靠的方法。其次做好种子消毒处理是防病的关键。

1. 建立无病留种田

选栽抗病品种，避免种植感病品种。

2. 加强栽培管理

催芽不宜过长，拔秧要尽可能避免损根。做到"五不插"：即不插隔夜秧，不插老龄秧，不插深泥秧，不插烈日秧，不插冷水浸的秧。

3. 清除病残体

及时拔除病株并销毁，病稻草收获后作燃料或沤制堆肥。

4. 种子处理

用1%石灰水澄清液浸种，15～20℃时浸3d，25℃浸2d，水层要高出种子10～15cm，避免直射光。或用2%福尔马林浸闷种3h，气温高于20℃用闷种法，低于20℃用浸种法。或用40%拌种双可湿性粉剂100g或50%多菌灵可湿性粉剂150～200g，加少量水溶解后拌稻种50kg或用50%甲基硫菌灵可湿性粉剂1 000倍液浸种2～3d，每天翻种子2～3次。或用辉丰百克2mL兑水5～6 L，浸稻种3～4kg浸72h或用35%噁霉灵胶悬剂200～250倍液浸种，种子量与药液比为1：（1.5～2），温度16～18℃浸种3～5d，早晚各搅拌1次，浸种后带药直播或催芽。此外用20%净种灵可湿性粉剂200～400倍液浸种24h，或用25%施保克乳油3 000倍液浸种72h，也可用80%强氯精300倍液浸种，早稻浸24h，晚稻浸12h，再用清水浸种，防效98%。必要时也可喷洒95%绿亨1号（噁霉灵）精品4 000倍液。

5. 药剂喷雾防治

在水稻秧苗1～2叶期或本田期、抽穗期发病初期，每亩使用青枯立克

50mL+ 大蒜油 15mL，兑水 15kg，或 95% 绿亨 1 号（噁霉灵）精品 4 000 倍液，或用 25% 施宝克乳油 4mL，或用 25% 咪鲜胺乳油 7mL+25% 三唑酮乳油 3mL，兑水 50kg 喷雾，5 ～ 7d 1 次，连喷 2 次。喷雾时再适当添加助剂和叶面肥，可以起到较好的防治效果。

九、水稻烂秧病

水稻烂秧是秧田中发生的烂种、烂芽和死苗的总称，又可分为生理性烂秧、病理性烂秧、操作性烂秧。其中病理性烂秧主要由禾谷镰刀菌、立枯丝核菌、稻腐霉、层出绵霉等引起。它们广泛存在于土壤和污水中，一般以稻腐霉较为常见，层出绵霉次之，立枯丝核菌和禾谷镰刀菌很少发生。生理性烂秧比较常见的类型有淤籽、露籽、跷脚、倒芽和黑根等；病理性烂秧是由真菌引起的，开始时零星发生，以后迅速向四周蔓延，严重时出现整片稻秧死亡；操作性烂秧是由种子质量、秧田质量、覆土不当、管理不当、播种量大、炼苗不当、施肥不当等原因导致烂种、烂芽、烂秧。

（一）发病特征

烂种、烂芽一般发生在"现青"出苗之前，死苗发生在"现青"出苗以后，特别是在二、三叶期比较严重。以旱育秧最为严重，湿润育秧次之，水育秧较少。二、三叶期的死苗多属传染性，根据症状可分为青枯型和黄枯型两种。

青枯型死苗的病株最初叶尖停止吐水，后心叶突然萎蔫，卷成筒状，随后下一叶很快失水萎蔫筒卷，全株呈污绿色枯死。病株根系色泽变暗，根毛稀少。青枯死苗大多发生在二、三叶期，往往一丛丛突然出现，迅速蔓延，严重的成片枯死，但在发病点周围仍有病健株交错的现象。黄枯型死苗则是从水稻下部叶片开始，先由叶尖向叶基逐渐变黄色，再从下部叶片向上蔓延及心叶，最后茎基部变褐软化，全株呈黄褐色枯死。病株根系变暗色，根毛很少，易拔起。黄枯型死苗常多在 1 叶 1 心时就开始发生，初期多在生长矮小的弱苗上先发病，随后逐渐蔓延扩大，严重时也丛丛成片枯死。

（二）发病原因

低温和缺乏氧气，使秧苗生长弱，抵抗力差，是引起烂秧的主要原因。寒流之后又逢连续阴雨、低温，秧田深水灌溉过久或低洼地常淹水的秧苗，都容易引起烂秧。低温后转晴，温度上升，有利于病菌的繁殖，绵腐病、立枯病即迅速扩展。

谷种质量差。催芽时，温度过高，芽过长，抵抗力降低；用此谷种播种易损伤，又撒不匀，常致腐烂。

秧田位置不当，光照不足；秧田泥土过烂，整地时又未适当搁硬，容易使谷种深陷泥中；或秧板不平，低处积水妨碍幼芽的呼吸作用，高处的秧苗易遭霜冻和阳光晒伤。凡此种种，都可造成秧苗生长不良而引起烂秧。

施用未腐熟的有机肥料，绿肥茬秧田翻耕过迟，或用污水灌溉作肥料，都容易引起烂秧这种情况，加上深水灌过久，土中可产生大量有毒物质，"黑根"现象就严重。另外，有害生物如藻类大量繁殖，阻碍了秧苗的生长；红蚯蚓、锥实螺、红丝虫（稻摇蚊幼虫）等大量活动时，阻碍了种子扎根或把种子深埋土内，以及秧苗得了胡麻斑病等，都可造成秧苗的死亡。

（三）防治措施

选择避风向阳、土质好、灌溉便利、田面平整的田块作秧田。秧田整地质量高，地一定要整平，整地后适当搁硬；同时要做到秧田清洁，施用充分腐熟的肥料，避免污水灌秧。这些措施对防止烂秧有显著作用。

播前做好选种工作，同时进行浸种催芽（80% 乙蒜素乳油 4 000 ～ 5 000 倍液浸种 2 ～ 3d，对培育壮秧效果好）。催芽不宜过长，以免遇到恶劣气候时容易发生烂芽；并应注意防止烧芽。芽催好后，摊开晾一天一夜，增强抗寒能力。

抢寒流的冷尾暖头适时播种，使播后有 3 ～ 5 个晴天，利于幼芽扎根现青。同时，注意播种不宜过密，要均匀；播后进行塌谷，以利秧苗扎根，上面再盖上一层草木灰，既保暖又增加肥力，使种子发芽整齐，出苗快，生命力强，增强抗病力。

加强秧田水浆管理，播种后 7 ～ 10d 保持秧板湿润，促使扎根生长。以后灌跑马水；3 叶期后浅水勤灌。雨天排水落干，遇大风、雷阵雨风或低温寒潮，需灌水护秧。

早播的双季早稻采用"塑料薄膜育秧"，抢季节，早育秧，防止低温侵袭，预防由于低温引起的烂秧。用药前排水落干，留下一层浅水（0.5～1cm即可）。秧田发生绵腐病或青苔时，喷施硫酸铜或杀毒矾 100 倍液，或每亩施 15～25kg 草木灰。防治立枯病，可用 70% 敌磺钠可溶性粉剂 1 000 倍液，于下午 5 时后进行喷药，用药 2d 后上水。

十、水稻胡麻叶斑病

水稻胡麻叶斑病又叫胡麻叶枯病，俗称饥饿病，是由稻平脐蠕孢引起的、发生在水稻的真菌性病害。该病主要为害稻株地上部分，以叶片为多。水稻胡麻斑病在中国各稻区均有发生，多在缺肥、缺水等引起水稻生长不良时发病。常与水稻赤枯病混合发生。叶片受害造成叶枯，穗部受害导致千粒重下降及空秕粒增多，影响产量和米质。随着中国水稻生产施肥水平提高和水利条件改善，该病危害日益减轻，但部分地区晚稻秧龄过长时，则发病较多，且引起后期穗枯，造成严重失收。

（一）发病特征

水稻胡麻叶斑病危害时期长，从秧苗到成熟期都能发病。稻株各部，芽、叶、穗都可受害，尤以叶最为普遍，但不同部位表现的症状各不相同。

1. 芽鞘

种子发芽不久就会受害发病，芽鞘渐变褐黑，严重时鞘叶尚未抽出，全芽枯死。

2. 秧苗

苗叶和叶鞘上的病斑多数为椭圆形或近圆形，深褐色，有时病斑扩展相连就变成长条形。病情严重时，引起秧苗成片枯死；空气湿度大时，死苗上会生出黑色绒状霉层。

3. 成叶

成株叶片发病，初现褐色小点，继而逐渐扩大成椭圆形褐斑，如芝麻粒大小，外围环绕一黄色晕圈。用放大镜观察，褐斑呈轮纹状。后期病斑边缘呈深褐色，中央变为灰白色。病情严重的一片叶上可有百个以上病斑，且常愈合成不规则大斑块，终使叶片干枯。受害重的稻株，分蘖减少，抽穗推迟。

4. 叶鞘

叶鞘上病斑初成椭圆形或长方形，水渍状，边缘淡褐色，中央暗褐；渐变为不规则形的大斑，中心部灰褐色。

5. 穗颈

穗颈受害病斑呈暗褐色。变色部分色浅较长，可达 8cm 左右。发生期较迟，会使颈部弯曲，影响谷粒饱满度。

6. 谷粒

谷粒受害早、迟的病斑不同。受害迟的，病斑形状、色泽与叶片上的相似，略小，边缘不明显；受害早的，病斑灰黑，可扩展到全粒，造成秕粒。空气潮湿时，在内外颖合缝处及其附近产生大量黑色绒状的霉层，并可扩展覆盖全粒。

（二）发病原因

1. 气候

影响水稻胡麻叶斑病流行程度的气候因子主要是雨量、温度和光照。病菌生育适应的温湿度范围较广，但最适宜于适温高湿遮阴的条件。当湿度饱和、温度在 25 ～ 28℃时，4h 就完成侵入过程，如再无强烈阳光直射，一昼夜即可出现病斑。

2. 肥力

土壤肥力不同，病害发生程度也不相同。瘠薄缺肥的稻田发病重，尤其是缺乏钾肥更容易诱发病害。双季晚稻有时秧龄过长，为了控制移栽后秧苗生长速度，常减少施肥，这也容易诱发此病。

3. 土质

一般酸性土、沙质土或黏土田发病重。在土壤黏性大而又排水不良的田、漏水田以及缺水、积水过多的田水稻抗病力降低，发病也重。

4. 品种和生育期

不同品种的抗病性有一定差异，但同一品种在各地表现抗病性的强弱也不相同。同一品种在不同生育阶段抗病性也不一样。一般苗期易感病，分蘖期抗病性增强，分蘖末期以后抗病力又渐渐降低。穗颈部在抽穗至齐穗期的抗病性最强，随着灌浆成熟，其抗病性逐渐降低。这也是穗颈病受害发病较迟的原因。谷粒则以抽穗至齐穗期最易感病，随后抗病力又显著增强。

（三）防治措施

1.处理病草、病谷，减少菌源

病草和病谷上越冬的病菌，是翌年发病的初次侵染菌源，因此要尽早处理。重病田的稻草、稻谷应单独堆放，先用、先吃，积余的也应堆置离稻田较远的地方。育秧用的稻草，要在水中煮沸后再用，以免把病菌带入秧田。

2.稻种应从无病田选留，还须进行种子消毒，以尽可能杜绝传病

种子消毒可采用1%石灰水浸种或用抗菌剂"401""402"浸种，也可用福尔马林液闷种或浸种。

3.改土增肥，提高地力

由于水稻胡麻叶斑病在土质差、肥力低的条件下，发病严重，必须注重改良土壤。要增施基肥，及时追肥，并做到氮、磷、钾肥适当配合。砂质土应多施腐熟堆肥作基肥，以增加土壤保肥力。酸性土要注意排水，增强通透性，还可适量施用石灰，以促进土内有机质分解。当稻叶因缺氮发黄时，要及时追施硫酸铵、人粪尿等速效肥。病田施用钾肥，可减轻病害。

4.适期喷药，防病护苗

在水稻易感病的阶段，密切注视病情发展，不失时机喷药防治。稻瘟病常发区，可结合喷药防治稻瘟病进行。异稻瘟净、克瘟散、多菌灵、甲基硫菌灵、春雷霉素等药剂，对水稻胡麻叶斑病的预防和治疗效果都比较好。

十一、水稻菌核秆腐病

水稻菌核秆腐病主要是稻小球菌核病和小黑菌核病。两病单独或混合发生，又称小粒菌核病或秆腐病，它们和稻褐色菌核病、稻球状菌核病、稻灰色菌核病等，总称为水稻菌核病或秆腐病。中国各稻区均有发生，但各地优势菌不同，长江流域以南主要是小球菌核病和小黑菌核病。

（一）发病特征

小球菌核病和小黑菌核病症状相似，侵害稻株下部叶鞘和茎秆，初在近水面叶鞘上生褐色小斑，后扩展为黑色纵向坏死线及黑色大斑，上生稀薄浅灰色霉层，病鞘内常有菌丝块。小黑菌核病不形成菌丝块，黑线也较浅。病斑继续扩展使茎基成段变黑、软腐，病部呈灰白色或红褐色而腐朽。剥检茎秆，腔内充满灰白色菌丝和黑褐色小菌核。侵染穗颈，引起穗枯。

褐色菌核病在叶鞘上形成椭圆形病斑，边缘褐色，中央灰褐，病斑常汇合呈云纹状大斑，浸水病斑呈污绿色。茎部受害褐变枯死，常不倒，后期在叶鞘及茎秆腔内形成褐色小菌核。球状菌核病使叶鞘变黄枯死，不形成明显病斑，孕穗时发病致幼穗不能抽出。后期在叶鞘组织内形成球形黑色小菌核。

灰色菌核病叶鞘受害形成淡红褐色小斑，在剑叶鞘上形成长斑，一般不致水稻倒伏，后期在病斑表面和内部形成灰褐色小粒状菌核。

（二）发病原因

发病较重的主要是小球菌核病和小黑菌核病，主要以菌核在稻桩和稻草或散落于土壤中越冬，可存活多年。当整地灌水时菌核浮于水面，粘附于秧苗或叶鞘基部，遇适宜条件（17℃）菌核萌发后产生菌丝侵入叶鞘，后在茎秆及叶鞘内形成菌核。有时病斑表面生浅灰霉层，即病菌分生孢子，分生孢子通过气流或昆虫传播，也可引起再侵染。但主要以病健株接触短距离再侵染为主。菌核数量是次年发病的主要因素。

病菌发育温限11～35℃，适温为25～30℃。雨日多，日照少利于菌核病发生。深灌、排水不好田块发病重，中期烤田过度或后期脱水早或过旱发病重。施氮过多、过迟，水稻贪青病重。单季晚稻较早稻病重。高秆较矮秆抗病，抗病性糯稻大于籼稻、大于粳稻。抽穗后易发病，虫害重伤口多发病重。

（三）防治措施

1. 种植抗病品种

因地制宜地选用早广2号、汕优4号、IR24、粳稻184、闽晚6号、倒科春、冀粳14号、丹红、桂潮2号、广二104、双菲、珍汕97、珍龙13、红梅早、农虎 6 号、农红 73、生陆矮 8 号、粳稻秀水系统、糯稻祥湖系统、早稻加籼系统等。

2.减少菌源

病稻草要高温沤制，收割时要齐泥割稻。有条件的实行水旱轮作。插秧前打捞菌核。

3.加强水肥管理

浅水勤灌，适时晒田，后期灌跑马水，防止断水过早。多施有机肥，增施磷钾肥，特别是钾肥，忌偏施氮肥。

4.药剂防治

在水稻拔节期和孕穗期喷洒 40% 克瘟散或 40% 富士一号乳油 1 000 倍液、5% 井冈霉素水剂 1 000 倍液、70% 甲基硫菌灵可湿性粉剂 1 000 倍液、50% 多菌灵可湿性粉剂 800 倍液、50% 速克灵可湿性粉剂 1 500 倍液、50% 异菌脲或 40% 菌核净可湿性粉剂 1 000 倍液、20% 甲基立枯磷乳油 1 200 倍液。

十二、水稻细菌性条斑病

水稻细菌性条斑病是国内植物检疫对象之一，过去仅在华南、华中及华东部分地区零星发生，近年来，由于杂交稻的推广和南繁调种的频繁，加之检疫措施不严，致使此病逐步扩大蔓延。一般水稻发病后减产 10% ～ 20%，严重的可达 40% ～ 60%，对我国南方杂交稻威胁较大（图 5-3）。

图 5-3　水稻细菌性条斑病症状

（一）发病特征

水稻细菌性条斑病在水稻全生育期叶片上都可发生。病斑初呈暗绿色水渍状小点，后沿叶脉扩展，呈褐色半透明状细短条状斑。苗期症状比白叶枯病明显，病斑表面粘附许多蜜黄色球状菌脓，叶背面较多，干燥后不易脱落。叶片上的病斑可相互愈合成大块条斑枯死。病害流行时叶片卷曲，远望一片红褐色，发病后期变为黄白色。本病症状有时与白叶枯病较难区别。现列表对比，如表5-2所示。

表 5-2　水稻白叶枯病与水稻细菌性条斑病的区别

鉴别	水稻白叶枯病	水稻细菌性条斑病
入侵途径	病菌多从水孔侵入，故病斑多在叶尖两侧面叶缘首先发生	病菌多从气孔侵入，故病斑可在叶面任何部位发生
病斑外观	典型病斑为长条状枯死斑，病健分界明显，边缘波纹状，对光观察，病斑不透明	病斑为短而细的窄条斑，边缘不呈波纹状，对光观察，病斑半透明、水渍状
菌脓	菌脓多产生在叶片边缘，数量较少，干燥后很易脱落	叶面条斑上菌脓很多，色深，干燥后也不易脱落
发生季节	秧苗期较少表现症状	水稻的任何生育期均可见到症状

（二）发病原因

病菌主要在病谷和病稻草中越冬，为翌年初次侵染源，土源不能传染。病谷播种后，病菌侵染幼苗，移栽时又将病秧带入本田。如用病稻草催芽、覆盖秧板、扎秧把、堵塞涵洞或盖草棚等，病菌也会随水流入秧田或本田而引起发病。病菌侵染途径主要是气孔和伤口，有时亦可从机动细胞处侵入。病斑上的菌脓可借风、雨、露等传播，进行再次侵染。病菌侵入后5～9d出现症状。高温（25～30℃）、多雨、高湿是病害流行的主要条件，特别是暴风雨或洪涝侵袭，造成叶片大量伤口，对病害发展更为有利。过多或偏晚施用氮肥可加重病害。此外，串灌、漫灌或长期灌深水，发病也较重。

（三）防治措施

水稻细菌性条斑病的防治和稻白叶枯病的防治大同小异，具体如下。

1.选用抗病品种

积极选育和推广具有中等抗性兼丰产性状的良好组合，以减少发病的机会。

2. 严格进行植物检疫

确保无病区不引进有病种子，并建立无病留种田。

3. 消毒灭菌

结合积肥，将病稻草、病谷烧沤积肥，切忌用病稻草催芽、扎秧把。用 1% 石灰水、50 倍液福尔马林浸种 3h，或用 500U 的氯霉素液浸种 48 ～ 72h，均可收到良好的杀菌效果。

4. 改进栽培管理

选择地势较高、排灌方便的田块作秧田，实行浅水勤灌，适时晒田。施足基肥，早施追肥，增施磷、钾肥和有机肥料，防止稻苗贪青徒长，诱发病害。

5. 药剂防治

宜于秧苗 3 叶期和移栽前各喷药 1 次。在本田期如发现有中心病团，应及时喷药，暴风雨后再喷药 1 次。常用农药有 20% 叶青双可湿性粉剂 400 ～ 500 倍液；10% 叶枯净可湿性粉剂 300 ～ 500 倍液，均有一定防效。秧田每亩每次喷 40 ～ 50L，本田每亩每次喷 75 ～ 100L。

十三、水稻细菌性基腐病

水稻细菌性基腐病是一种细菌性病害，主要危害水稻的根节部和茎基部。

（一）发病特征

水稻分蘖期发病常在近土表茎基部叶鞘上产生水浸状椭圆形斑，渐扩展为边缘褐色、中间枯白的不规则形大斑，剥去叶鞘可见根节部变黑褐，有时可见深褐色纵条，根节腐烂，伴有恶臭，植株心叶青枯变黄。拔节期发病叶片自下而上变黄，近水面叶鞘边缘褐色，中间灰色长条形斑，根节变色，伴有恶臭。穗期发病病株先失水青枯，后形成枯孕穗、白穗或半白穗，根节变色，有短而少的侧生根，有恶臭味。

水稻细菌性基腐病的独特症状是病株根节部变为褐色或深褐色腐烂。别于细菌性褐条病心腐型、白叶枯病急性凋萎型及螟害枯心苗等。水稻细菌性基腐病常与小球菌核病、恶苗病、还原性物质中毒等同时发生；也有在基腐病株枯死后，恶苗病菌、小球菌核病菌等腐生其上。水稻细菌性基腐病主要通过水稻根部和茎基部的伤口侵入。

（二）发病原因

早稻在移栽后开始出现症状，抽穗期进入发病高峰。晚稻秧田即可发病，孕穗期进入发病高峰。轮作、直播或小苗移栽稻发病轻。偏施或迟施氮素，稻苗嫩柔发病重。分蘖末期不脱水或烤田过度易发病。地势低，黏重土壤通气性差，发病重。一般晚稻发病重于早稻。

该病的主要发病原因包括：长江流域在分蘖期出现连续降雨天气，这是该病发病最主要的原因之一。稻田长时间灌水，且水较深，容易发生细菌性基腐病。南方地区5—7月雨水多，容易出现水灾，8—9月台风多发，因此早稻穗期、中稻分蘖期、晚稻穗期病害易发。

（三）防治措施

选用抗病耐病品种。培育壮苗，推广工厂化育苗，采用湿润育秧。适当增施磷、钾肥确保壮苗。要小苗直栽浅栽，避免伤口。提倡水旱轮作，增施有机肥，采用配方施肥技术。加强肥水管理，采用干湿交替的灌溉方式。化学防治，如使用20%噻森铜悬浮剂1000倍液或20%叶青双150g，兑水100kg喷雾。

十四、水稻赤枯病

水稻赤枯病，又称铁锈病，俗称熬苗、坐蔸，病因是因为缺钾和缺磷。缺钾型和缺磷型是生理性的。

（一）发病特征

缺钾型赤枯在分蘖前始现，分蘖末期发病明显，病株矮小，生长缓慢，分蘖减少，叶片狭长而软弱披垂，下部叶自叶尖沿叶缘向基部扩展变为黄褐色，并产生赤褐色或暗褐色斑点或条斑。严重时自叶尖向下赤褐色枯死，整株仅有少数新叶为绿色，似火烧状。根系黄褐色，根短而少。

缺磷型赤枯多发生于栽秧后 3～4 周，能自行恢复，孕穗期又复发。初在下部叶叶尖有褐色小斑，渐向内黄褐干枯，中肋黄化。根系黄褐，混有黑根、烂根。

中毒型赤枯移栽后返青迟缓，株型矮小，分蘖很少。根系变黑色或深褐色，新根极少，节上生迈出生根。叶片中肋初黄白化，接着周边黄化，重者叶鞘也黄化，出现赤褐色斑点，叶片自下而上呈赤褐色枯死，严重时整株死亡。

（二）发病原因

稻株缺钾，分蘖盛期表现严重，当钾氮比降到 0.5 以下时，叶片出现赤褐色斑点。多发生于土层浅的砂土、红黄壤及漏水田，分蘖时气温低时也影响钾素吸收，造成缺钾型赤枯。缺磷型赤枯发产在红黄壤冷水田，一般缺磷，低温时间长，影响根系吸收，发病严重。中毒型赤枯主要发生在长期浸水、泥层厚、土壤通透性差的水田，如绿肥过量，施用未腐熟有机肥，插秧期气温低，有机质分解慢，以后气温升高，土壤中缺氧，有机质分解产生大量硫化氢、有机酸、二氧化碳、沼气等有毒物质，使苗根扎不稳，随着泥土沉实，稻苗发根分蘖困难，加剧中毒程度。

（三）防治措施

改良土壤，加深耕作层，增施有机肥，提高土壤肥力，改善土壤团粒结构。

宜早施钾肥，如氯化钾、硫酸钾、草木灰、钾钙肥等。缺磷土壤，应早施、集中施过磷酸钙，每亩施 30kg 或喷施 0.3% 磷酸二氢钾水溶液。忌追肥单施氮肥，否则加重发病。

改造低洼浸水田，做好排水沟。绿肥做基肥，不宜过量，耕翻不能过迟。施用有机肥一定要腐熟，均匀施用。早稻要浅灌勤灌，及时耘田，增加土壤通透性。发病稻田要立即排水，酌施石灰，轻度搁田，促进浮泥沉实，以利于新根早发。于水稻孕穗期至灌浆期叶面喷施多功能高效液肥万家宝 500～600 倍液，隔 15d 1 次。

十五、水稻病毒病

我国稻田常见的病毒病主要有黄矮病、普通矮缩病、暂黄病和黄萎病。其中发生面积大、危害严重的有黄矮病和普通矮缩病两种，主要分布在长江中下游各稻区，是南方稻区的重要病害，常大面积流行为害。普通矮缩病除为害水稻外，还可为害麦类、黍、游草、狗尾草、看麦娘等。

（一）发病特征

1. 黄矮病症状

主要特征是矮缩，花叶、黄枯，株型松散，叶肉黄色，掺杂有碎绿斑块，呈条状花叶，而叶鞘仍为绿色。重病时叶片平展或下倾，后期枯黄卷缩。分蘖期发病，以顶叶下第二叶为主。拔节后发病，则以剑叶或剑叶下一叶为主。发病时，先在叶尖微呈黄绿色，不久即现黄色，并杂有碎绿斑块，然后向叶片的中部或下部扩展。苗期发病，植株多严重矮缩，不分蘖，须根短小，黄褐色，根毛少，易早期枯死。分蘖期发病，抽穗期推迟，结实差。病株色泽随品种而异，矮秆籼型大多为金黄色，条斑花叶明显；粳稻大多为橙黄色，条状花纹不甚明显；籼型杂交水稻为黄褐色；糯稻多为鲜黄色或淡黄色。

2. 普通矮缩病症状

主要特征是病株明显矮缩，不到健株的一半，分蘖增多，叶色浓绿，叶片僵硬，在叶片和叶鞘的叶脉间有排列成行的白色断续条点。感病早的不能抽穗，后期感病的虽能抽穗，但穗短，空壳多。

（二）发病原因

1. 黄矮病发病及流行特点

黄矮病传媒介体为 3 种黑尾叶蝉。种子和土壤均不传病。本病属非持久性病毒，不经卵传染。水稻自苗期至始穗期均能感染发病，但以分蘖期最易感病。早稻发病季节，广东在 6 月上中旬，浙江、湖北在 6 月中下旬。晚稻发病季节，广东、广西、湖南、湖北、福建均有两个高峰，第一个高峰在 8 月中下旬，第二个高峰在 9 月中旬至 10 月上旬。江西、浙江籼稻在 8 月下旬，粳稻在 9 月上中旬。

2. 普通矮缩病发病及流行特点

普通矮缩病主要由黑尾叶蝉传播。分蘖期前最易感染，拔节后就逐渐抗病。在长江中下游一带，一般于 5 月上旬早稻本田始见发病。5 月下旬病株增多，6 月初达发病高峰；晚稻秧田期，即可大量发病，本田期以分蘖至圆秆拔节期为发病高峰，乳熟期发病基本停止。该病侵染循环与黄矮病不同之处是病毒能经黑尾叶蝉卵传递，所以早稻上繁殖的第一代虫和晚稻上繁殖的第四代虫，均可成为第二次侵染源。

（三）防治措施

（1）利用冬季消灭黑尾叶蝉的寄主——看麦娘，断绝黑尾叶蝉的食料。

（2）科学管理肥水，增施磷钾肥，避免偏施氮素化肥。适时排水露田，增强稻株的抗（耐）病力。一旦发现秧田病苗，及早拔除。

（3）秧田在成虫迁入盛期至拔秧前喷药防治 1～2 次；大田可在若虫盛孵期或水稻分蘖期喷药防治 1～2 次。常用药剂为 50% 杀螟松乳油 150g，40% 乐果乳剂 100g，或 80% 敌敌畏乳油 75g，兑水 60L 喷雾。近年来，各地采用内吸性强、残效期长的农药，如呋喃丹、巴丹等进行防治，均收到良好效果。

第六章　水稻虫害防控技术

水稻虫害防控，总体原则是防大于控，要结合物理、化学、生物等手段，并辅以特定的栽培管理措施，才能实现最好的防控效果。总的来说，可以遵循以下几条防治方案。

1. 农业防治

在春耕备耕时期，结合植保站综合螟虫冬后基数和发育进度的调查数据，及时向示范区印发深水灭蛹和打捞浪渣的技术资料，指导灭茬降低基数。实践结果表明，此举可减少 50% 以上的病虫发生基数。在水稻分蘖盛期后，根据田间苗数，适时晒田和控制氮肥施用，控制纹枯病和稻飞虱的发生。

2. 旋耕灭茬、深水沤泡

冬闲田及冬季种植油菜或绿肥的田块，于 3 月下旬至 4 月上旬进行旋耕灭茬，灌水泡田 1 周，降低虫源基数。

3. 诱杀螟虫

在核心示范区田间放置诱捕器，每亩安装诱捕器 2 个。从二化螟越冬代发蛾始期（5 月上旬）开始应用二化螟性诱剂，从稻纵卷叶螟迁入代成虫始见期（6 月下旬）开始应用稻纵卷叶螟性诱剂，至全季末代成虫发生结束为止。越冬代螟虫成虫发生时，如果水稻还没有栽插，应将性诱剂设置在水稻前茬作物如油菜、小麦田或者冬闲田中。技术要求：干式飞蛾诱捕器的底端应低于植株顶部 10～20cm，并随植株的生长调整高度。诱芯每 20d 更换一次，应定期清理诱捕器内死虫。每 5d 调查 1 次诱捕器内的诱蛾量，并与同期太阳能杀虫灯下蛾量进行比较。

4. 太阳能杀虫灯诱蛾

每 50 亩配置一盏振频式太阳能杀虫灯。杀虫灯的集虫器底部应高于植物顶部，稻田的开灯时间为靶标害虫成虫发生期，其他虫态发生期不使用。

5. 生物防治

农田周边有蜘蛛、隐翅虫等捕食性天敌优势种群和螟蛉绒茧蜂、赤眼蜂等寄生性天敌种群。进行农事活动时，为保护害虫天敌，积极组织实施田边种豆、堆草堆、摆草把等措施，统一施用生物农药等措施，达到"生物防治，保护天敌"的目的。

6. 专业防治

遇到突发性病虫害可能造成大面积危害时，统一组织使用低毒、生物农药进行专业化统防统治。

水稻生产中，除了要整体上遵循上述防治原则外，还要根据实际遭遇的虫害进行针对性防治，以取得较好的防治效果。在下文中分别对水稻"一生"可能遭遇的虫害进行了概述，以便为水稻生产提供技术支撑。

一、稻摇蚊

稻摇蚊身体呈黄绿色，复眼漆黑色，胸背有 3 条黑色纵绒，各复节背面有暗黑色斑纹。雌虫身体短粗，长约 2.5mm，腹端较钝圆，触角丝状，共 6 节。雄虫细长，3mm 左右，腹端尖细，触角羽毛状。卵粒乳白色，包在透明胶囊内，呈细长的束带状。幼虫老熟体长 5mm，血赤色，胸部第一节和末节有肉质突起，用腐殖泥土做成柔软的圆筒巢，幼虫在潮内栖息。水稻稻摇蚊成虫于 4 月末开始出现，一般每年发生四代。

（一）发生特点

稻摇蚊每年发生四代，以成虫越冬，越冬成虫次年 4 月末出现，5 月上旬开始产卵，第一代幼虫 5 月中旬发生，第一代成虫 5 月末开始。一般在黑土地、草甸土、盐碱土、老稻田等土质黏重的地块产卵，4 ～ 5d 就会孵化幼虫，幼虫游动并潜至水稻根部食害幼根。幼虫长到 2mm 时呈现为红色，附在稻根上继续危害。幼虫 12 ～ 14d 后化蛹。

稻摇蚊第一、第二代幼虫危害水稻严重，第三、第四代幼虫没有危害或危害很轻。黑龙江、宁夏、湖南、陇南（康县）等地种植水稻发生水稻稻摇蚊严重，种植户应该注意防治。

（二）危害特征

稻摇蚊幼虫繁殖速度快、数量多，严重影响水稻根系发育。稻摇蚊幼虫危害水稻幼根和幼芽，造成水稻浮苗。稻摇蚊会食用还未发芽的种子胚和胚乳，造成种子无法发芽的情况。

（三）防治措施

整地要平、要细、适期播种，以促进稻芽迅速成苗；清除杂草，消灭成虫越冬场所；排水晒田，可使幼虫干死；稻田养鸭，让鸭子除虫；药物防治可用 25% 敌杀死乳剂，每公顷 300～450mL 兑水 500kg，将水层落浅到 1～2cm 时均匀喷雾。

二、水稻小潜叶蝇

成虫为青灰色，体长 2～3mm，头部暗灰色，复眼黑褐色，触角黑色，3 节，第三节背面有 1 根触角芒，芒的一侧有 5 根短刺毛。卵粒为乳白色，长椭圆形，长约 1.6mm，卵上有细纵纹，卵多散产在稻叶上。幼虫体长 3～4mm，圆筒形，略扁平，乳白至乳黄色，尾端有 2 个黑褐色气门突起。蛹体长约 3.6mm，黄褐或褐色，尾端也有 2 个褐色气门突起。

（一）发生特点

水稻潜叶蝇 1 年发生 4～5 代，田间世代重叠，属完全变态。以成虫形态在杂草间越冬。越冬成虫 4 月中下旬开始出现，先在灌水渠处的杂草间活动，5 月上旬即可在水稗草、三棱草等野生寄主叶片上见到卵，5 月中旬出现幼虫，5 月末可见蛹。5 月中下旬水稻开始插秧，水稻插秧后潜叶蝇一部分从野生寄主处转到稻田活动并产卵繁殖，产卵盛期在 5 月末至 6 月初。幼虫危害盛期在 6 月 10 日前后。为害水稻的潜叶蝇是第一代幼虫。

水稻潜叶蝇成虫白天活动，行动较快，可贴水面低飞，并能停落水面或在水面上步行。成虫多喜在水边栖息，对糖蜜有趋性。新羽化的成虫半日即有交尾，多数是在羽化之后 2～4d 交尾。每天交尾数次，每次 5～15min，交尾时间长的可达 35min。成虫初次交尾后 12 ～ 48 h 开始产卵，1d 内产卵多次。卵多产在平伏水面稻叶表面。1 块卵数粒。每个雌蝇一生产卵 47 ～ 655 粒，平均 226 粒。产卵日数为 8 ～ 28d，产卵期先后持续 1 个多月。卵期一般为 2 ～ 7d，随温度高低变化较大。卵孵化时幼虫以其头部击破卵壳而出。随虫体伸出卵壳的同时，伸出锐利的口钩，幼虫即侵入寄主叶部组织内。卵孵化率平均为 86.9%，如卵产下后连稻叶浸入水中，孵化率可达 99.3%。

孵化后的幼虫，需 35 ～ 60min 可咬破叶面侵入叶内，侵入率一般为 76.6% ～ 96.1%，浸入水中稻叶的幼虫侵入率高于直立水面稻叶的侵入率。幼虫有转叶为害的习性，尤以幼虫生育前半期转叶危害多；在转叶过程中常坠水死亡。幼虫经 12 ～ 13 次脱皮。在水温 19.1℃条件下，幼虫历期 13 ～ 15d，平均 13.7d；在水温 22.5℃条件下，平均历期 8.7d，即进入蛹期。幼虫在稻叶里化蛹，也有少数个体从被害叶中脱出再侵入新叶化蛹，在水温 16.8 ～ 23.2℃下蛹历期 6 ～ 15d。梅河口地区大部分稻田 5 月下旬开始受害，受害盛期在 6 月 10 日前后，末期在 6 月 20 日前后，危害期持续约 20d。药剂防治的施药适期是 6 月初。

（二）危害特征

水稻潜叶蝇以幼虫侵入稻苗叶里取食叶肉为害，残留上、下表皮。幼虫初蛀入时，形成很细的线状食痕，随着食量的增加，食痕细长弯曲呈不规则状。被害部初期仅稍褪色，逐渐变白色呈线状，最终呈褐色。因此，水稻受害表现特征如下：①幼虫食去叶肉引起受害稻叶部分机体死亡；②由于稻叶受伤，水分从伤口侵入引起稻叶腐烂。潜叶蝇一般发生情况为 1 株稻苗有幼虫 2.3 头，发生多时 1 株水稻有几十头幼虫，1 片叶子就有十几头幼虫，造成全株稻苗枯萎腐烂。

据 6 月下旬的田间调查，2 块水稻田栽培管理条件相同，潜叶蝇发生危害田株高 29.92cm，未发生田株高 33.74cm，株高 3.82cm，分蘖差异明显，未受害田平均每丛分蘖 11.6 株，受害田分蘖 2.22 株，相差 5 倍。受害田还有 7% 死株，10% 缺丛，较未受害田减产约 17% 以上。水稻潜叶蝇的危害造成的减产很明显，据田间调查分析，水稻三叶期受害减产 39.3%；四叶期受害减产 25.4%；五叶期受害减产 11.56%，受害严重的地块减产可达 28.82%。

（三）防治措施

1. 农业防治

在冬春季清除田边、沟边、低湿地的禾本科杂草，减少虫源，从而减轻危害；培育壮秧；浅水勤灌。

2. 化学防治

主要防治早稻秧苗和早播早插本田。防治药剂：用 60% 吡虫啉悬浮种衣剂拌种，可预防该虫的发生为害；在发生初期，25% 吡虫啉 30g/ 亩或 40% 乙酰甲胺磷 100mL/ 亩喷雾。

农业防治为清除稻田附近杂草，减少虫源，浅水灌溉，培育壮秧。药剂防治多年来都使用氧乐果、菊酯类等农药，但这类农药属高毒高残留农药，对水生生物及天敌毒性较大。最近几年来，开始引进和使用吡虫啉类农药进行防治，效果很好。一般于潜叶蝇成虫产卵期和幼虫发生初期，用 70% 艾美乐 $30 \sim 45g/hm^2$ 或 25% 阿克泰 $45 \sim 60g/hm^2$ 均匀喷雾，并兼防稻水象甲，是当前比较理想的低毒低残留农药，应大力推广使用。另外，在移栽前 $3 \sim 5d$，每 $100m^2$ 苗床用 25% 阿克泰 20g 或 70% 艾美乐 10g，兑水 10kg 均匀喷洒，既省工省力又降低成本，对潜叶蝇及稻水象甲也取得了较好防效。

三、水稻负泥虫

成虫体长 $4 \sim 5mm$，头和复眼黑色，触角长度达体长的一半；前胸背板为黄褐色，后方有一纵凹，略呈钟罩形；鞘翅青蓝色，有金属光泽，每个翅鞘上有 10 条纵列刻点；足黄褐色。卵粒为长椭圆形，长约 0.7mm，初产时淡黄色，后变黑褐色。幼虫共 4 龄。初孵幼虫头红色，体淡黄色，呈半个洋梨形，老熟幼虫体长 $4 \sim 6mm$，头小，黑褐色；体背呈球形隆起，第五、第六节最膨大，全身各节具有 $6 \sim 22$ 个黑色瘤状突起，瘤突均有 1 根短毛；肛门向上开口，粪便排体背上，幼虫盖于虫粪之下，故称背屎虫、负泥虫。蛹体长约 4.5mm，鲜黄色，裸蛹，外有灰白色棉絮状茧。

在 5 月下旬的时候，水稻负泥虫一般会进入稻田，6 月开始产卵。产下的卵会集中在 6 月中旬开始孵化出来。负泥虫多发生在稻子生长初期，啃食叶子，只有剩下筋干部分，危害很大。

（一）发生特点

负泥虫每年只发生1代，以成虫在稻田附近的背风、向阳的山坡、田埂、沟边的石块下和禾本科杂草间或根际的土块下越冬。自5月下旬起成虫迁入稻田危害，6月上旬产卵，6月中旬至7月下旬为幼虫危害盛期，经15～20d，老熟幼虫在叶片或叶鞘内作茧化蛹，7月下旬羽化成虫，8月下旬转移到越冬场所越冬。

（二）危害特征

负泥虫的幼虫和成虫均可危害水稻，主要沿着水稻叶片叶脉，啃食水稻叶片正面的表面和叶肉，造成水稻叶片表面积缺损。从而导致水稻叶片变白或破裂，甚至全株枯死，即便稻苗能存活，也因缺叶而影响光合作用，稻株发育迟缓，迟熟，影响产量。

（三）防治措施

1. 农业防治

积肥同时清除田边及路旁和沟边杂草；消灭越冬寄主，减少越冬虫源；培育壮秧，提高抗虫能力。

2. 人工扫虫

清晨用扫帚将水稻叶片上负泥虫扫落水中，每天1次，连续3～4d。

3. 药剂防治

40%氧乐果600倍液和90%晶体敌百虫1000倍液混合喷雾；40%氧乐果600倍液与50%辛硫磷1000～1500倍液混合喷雾；也可与2.5%敌杀死混合喷雾，600～750kg/hm^{2}药液。

四、稻纵卷叶螟

稻纵卷叶螟俗称卷叶虫、白叶虫。原为局部间歇性发生的害虫，20世纪70年代以来，在南方大部分稻区连年大发生。水稻受害后，一般减产一二成，严重时减产达三成以上。

成虫：为小型蛾子，灰黄色或黄褐色。前翅外缘有一褐色宽带，翅中部有黑色横纹2条，两横纹间有1条黑色短横纹。雄蛾尾端向上翘起，像船舵，前翅前缘中央有一黑蓝色毛疣。卵：很小，扁平，椭圆形，散产在叶片正反面。幼虫：黄绿色，常将稻叶纵卷，藏身于卷叶内咬食叶肉，中后胸背面各有8条黑褐色毛瘤。蛹：略呈圆筒形，棕褐色。体外有白茧。

（一）发生特点

稻纵卷叶螟主要为害水稻，也能取食一些禾本科杂草。成虫具有远距离迁飞特性。在我国北纬30°以南地区有少量越冬。1年各地的发生代数由于迁入时期早晚不同而差异较大。如河北、山东北部为2～3代；河南信阳，长江中下游如湖北、安徽、江苏、上海及浙江北部为4～5代；湖南、江西、浙江南部为5～6代；福建、广东、广西为6～7代；海南省的陵水县为10～11代。成虫具有趋光性和趋绿、喜阴湿的特性。杂交稻田虫量多，受害重。

在四川，为害杂交稻的纵卷叶螟有2种：一种是稻纵卷叶螟；另一种是稻显纹纵卷叶螟。川东、川南前期为稻显纹纵卷叶螟，后期为稻纵卷叶螟。川西主要是稻显纹纵卷叶螟，在本地以蛹越冬，1年发生3～4代，严重为害晚稻和迟熟中稻。

（二）危害特征

稻纵卷叶螟的幼虫会将稻叶纵缀成苞，并在苞内取食上表皮和叶肉组织，造成白色的条斑，影响水稻的光合作用，进而导致减产。

（三）防治措施

1. 农业防治

合理施肥，控制水稻苗期猛发旺长、后期贪青，增强水稻的耐虫性，减少受害损失。

2. 生物防治

保护自然天敌，增加卵寄生率。以菌治虫，目前采用 Bt 乳剂防治，效果较好。

3. 药剂防治

应狠抓主害代的药剂防治。用药适期一般掌握在 2 龄幼虫盛发期。常用防治方法有：18% 杀虫双水剂每亩 150g，或 50% 杀螟松乳油每亩 100g，或 90% 乙酰甲胺磷每亩 40g，分别兑水 60L 喷雾。一般在傍晚喷药效果较好。

五、二化螟

二化螟俗称钻心虫。长期以来一直是水稻的主要害虫。自 20 世纪 70 年代中期推广种植杂交稻后，除华南部分稻区仍以三化螟为害为主外，长江流域广大稻区，二化螟呈明显上升，为害逐年加重，已成为杂交稻上最重要的害虫。成虫：为灰黄色中型蛾子，前翅近长方形。雄蛾前翅颜色较雌蛾深。卵：卵粒排列成鱼鳞状卵块，长条形，初产时乳白色，近孵化时变为紫黑色。幼虫：初孵幼虫身体淡黑色；老龄幼虫淡褐色，背部有 5 条紫褐色纵线。蛹：圆筒形，棕褐色。腹部背面隐约可见 5 条纵线。

（一）发生特点

二化螟食性较杂，除为害水稻外，还为害茭白、甘蔗等作物。以幼虫在寄主植物的茎秆和根茬中越冬。

二化螟在华北、东北稻区，1 年发生 2 代；长江中下游稻区，1 年发生 3～4 代。双季稻区，第一代幼虫盛孵于 5 月中下旬，为害杂交稻和常规稻的早中稻的分蘖秧苗，造成枯鞘和枯心。第二代幼虫盛孵于 6 月底至 7 月上旬，为害早稻穗期，造成虫伤株和枯孕穗，特别是为害迟熟早稻，造成白穗。在杂交中稻地区，第二代常推迟到 7 月中下旬。第三代幼虫盛孵于 8 月上中旬，为害晚稻苗期，尤其是早插的晚稻分蘖期，受害较重。部分第四代幼虫，孵化于 9 月中下旬，与第三代幼虫同时为害晚稻穗期，造成虫伤株、枯孕穗或少量白穗。

（二）危害特征

二化螟以幼虫蛀食水稻幼嫩组织。为害分蘖发棵期水稻，造成枯鞘和枯心；为害孕穗和抽穗期水稻，造成死孕穗或白穗；为害乳熟期水稻，造成虫伤株。被害严重时容易倒伏。

（三）防治措施

1.减少越冬虫源

冬季翻耕稻田，拾毁残存稻桩和铲除田边茭白残株等。绿肥留种田于4月二化螟大量化蛹期间，及时灌水 2～3d，可淹死部分化蛹虫源。

2.种植诱杀田

利用螟蛾趋绿的习性，在稻田区域内提早栽插少数田块，诱导螟蛾在这些田块秧苗上产卵，再集中防治，以减少大部分稻田的着卵量。

3.药剂防治

药剂防治是控制二化螟的重要手段。在5月中下旬对寄栽秧田和旱栽本田，当枯鞘率达到5%左右时，用农药普治或挑治，可选18%杀虫双水剂，每亩150g兑水50L喷雾，或用5%杀虫双颗粒剂，每亩1～1.5kg撒施，或用Bt乳剂加杀虫双，每亩各用100g加水喷雾，或用敌马合剂、杀螟松、三唑磷等。

六、三化螟

三化螟俗称钻心虫，是我国南方稻区的主要害虫。由于耕作制度的变革，在一段时期内，长江流域大部分地区三化螟发生量明显下降，但随着杂交稻种植和免耕面积扩大，有些地区又有回升的趋势。成虫：为中型蛾子，黄白公，前翅中央有一明显黑点。雄蛾灰褐色，翅顶到后缘有一列黑褐色斜纹。卵：卵块为椭圆形，表面盖有棕色鳞毛，好像半粒发霉的黄豆。幼虫：初孵幼虫，体灰黑色；老熟幼虫黄白色或淡黄色，背中央有1条绿色纵线。蛹：圆筒形，淡黄绿色。

（一）发生特点

三化螟食性单一，只为害水稻，虽在陆稻和野生稻上有所发现，但数量极少。三化螟以幼虫在稻桩中越冬。

三化螟的赣南、粤北、桂北等稻区，1年发生4代和部分5代；在云、贵、川半高山区1年发生2代；江苏、安徽北部、河南南部1年发生3代；湖南、湖北、江西等地1年发生4代；海南1年发生6～7代。春天气温回升到16℃以上时，越冬幼虫开始化蛹。越冬代成虫发生期的迟早，决定于当时的气温高低。杂交稻早插，叶色嫩绿，叶大茎粗，易诱集成虫。卵块多产在叶片正面，穗期还可产在叶鞘外侧。每头雄蛾产卵1～2个卵块。初孵蚁螟多从叶鞘近水面的部位侵入，造成枯心苗。在田间1个卵块造成1个枯心团。幼虫有转株为害的习性。水稻孕穗期是蚁螟最易侵入为害的危险期，蚁螟从剑叶苞鞘蛀入，并咬断穗秆基部，造成白穗，田间出现白穗团。水稻圆秆期和抽穗以后，茎秆组织坚硬，蚁螟难以蛀入。

（二）危害特征

三化螟以幼虫在分蘖期造成枯心，孕穗抽穗期造成大量白穗，严重田块减产可达40%以上。

（三）防治措施

1. 压低越冬虫口基数

方法同二化螟：冬季翻耕稻田，拾毁残存稻桩和铲除田边茭白残株等。绿肥留种田于4月二化螟大量化蛹期间，及时灌水2～3d，可淹死部分化蛹虫源。

2. 避螟栽培

根据本地区三化螟主害代的螟卵盛孵时期和主栽发交稻组合的生育期，利用调节播种期的方法，使孕穗期与螟卵盛孵期错开，从而达到避螟的目的。

3. 药剂防治

与二化螟基本相同。但防治时期更要抓住卵块盛孵期用药。在双季稻种植区要挑治第二代，狠治第三代。在单、双季稻混栽区要狠治2个桥梁田，重点防治第三代，挑治第四代。三化螟在杂交稻秧苗上可以完成世代，而且数量较大，侵入率高，因而要特别注意晚稻秧田的防治。

七、稻飞虱

稻飞虱俗称蠓虫，在田间常与稻叶蝉混合发生，是我国水稻的主要害虫。我国危害水稻的飞虱主要有褐飞虱、白背飞虱和灰飞虱3种。成虫：稻飞虱有长翅型和短翅型之分。

褐飞虱的长翅型，体褐色，有光泽；短翅型体褐色，雌虫腹部特别肥大。

白背飞虱的长翅型，体灰黄色，胸背中央有一块长五角形白斑或黄色斑；短翅型体灰黄色或灰黑色，身体后端较尖削。

灰飞虱的长翅型，体浅褐色或灰黑色；短翅型雌成虫体淡褐或灰褐色，个体比前两种飞虱要小。

卵：3种飞虱的卵均产在水稻的叶鞘组织内。一般3～5粒成排排列。若虫：3种若虫均分为5个龄期。褐飞虱体呈褐色，腹背上有1对乳白色大斑点。白背飞虱有数对云白色的不规则斑纹，尾部尖削。灰飞虱体为灰黄色。

（一）发生特点

褐飞虱、白背飞虱均为远距离迁飞性害虫。在我国北纬25°以南地区有零星越冬虫源。春季南方早稻上的褐飞虱、白背飞虱多为4—6月从中南半岛等地（如越南、泰国、柬埔寨等国）迁飞来的。在南方早稻上繁殖2～3代，随着早稻成熟，借西南风或南风向长江中下游稻区和北方稻区迁入，繁殖为害。迁飞方向随当时的高空风向而定，降落地区基本上与我国的雨区从南向北推移相吻合。

我国各稻区由于地理位置不同，稻飞虱迁入的时期差异较大，发生代数也有所差异。如广西、广东4—6月上旬迁入，在早稻上为害高峰期为5月下旬至6月下旬，在晚稻上为害高峰期为9月中旬至10月中旬，1年发生7～8代；湖南、江西等地5—6月为迁入盛期，早稻以6月中旬至7月中旬为受害盛期，晚稻为9月中旬至10月上旬受害最重，1年发生6～7代；浙江、江苏等省6月下旬至7月下旬为迁入高峰，早稻在7月上中旬受害，晚稻在9月中旬至10月上旬受害，1年发生5代左右；江苏的一季晚稻区，以8月上旬至9月中旬受害最重；四川稻区，在川东地区以6月至7月中旬为迁入高峰，7月中旬至8月中旬为受害盛期，1年发生4～5代，川西、川北地区除个别年份，如1991年迁入虫量较大外，一般年份迁入虫量较少。

褐飞虱、白背飞虱常混合发生为害，成虫有趋光性和趋绿习性。发生程度主要取决于迁入虫量的多少。在四川东部地区夏季多雨、伏旱不明显的年份，迁入虫量多，受害程度重，伏旱时期长，一般发生程度偏轻。在一些地区发生程度还与品种、施肥量、栽植密度和天敌数量等有一定关系。如目前种植的杂交水稻组合最易感白背飞虱；汕优46、威优64等中抗褐飞虱。偏施氮肥、栽插密度大、深灌水的稻田发生程度重。

云南中、高山稻区，稻田湿度大，白背飞虱发生为害，常引起烟霉病发生。灰飞虱在云南稻区和北方稻区为害水稻，常引起条纹叶枯病的流行。

（二）危害特征

稻飞虱危害具有迁飞性、暴发性、毁灭性的特点，其危害分为直接危害和间接危害。直接危害：稻飞虱是迁飞性害虫，具有隐蔽性、突发性、暴发性、毁灭性等特点。虫体小，通常寄居在水稻茎基部或穗部，刺吸稻株汁液，分泌毒素，产卵危害，产生棕褐色斑点，危害严重时，全株枯萎。出现"黄塘""冒穿""倒伏"等症状。稻飞虱在水稻孕穗期危害严重时表现为不出穗或成"包颈"的空粒穗；在水稻灌浆期被害，则影响谷粒饱满度，千粒重减轻，瘪谷率增加，造成严重减产或枯死。间接危害：稻飞虱带有条纹叶枯病等病毒。带毒稻飞虱除吸取水稻汁液直接危害外，常传播病毒，引起条纹叶枯病的流行。

（三）防治措施

1.选用抗虫良种

目前推广的杂交稻抗褐飞虱的组合有：汕优10、威优64、汕优64、汕优桂33、汕优桂8、威优35、汕优56、新优6号、汕优1770等。常规稻抗褐飞虱的品种有：665、南京14、丙1067、嘉45等。

2.健身栽培

主要指合理密植，实行配方施肥，浅水灌溉。

3. 保护天敌

蜂蛛、黑肩绿盲蝽和多种缨小蜂均为稻飞虱的重要天敌，在多种农事操作中要加以保护。

4. 合理使用农药

根据飞虱测报，成若虫 1 000～1 500 头/百丛时作为防治指标。目前推广的属纹灵、扑虱灵，对稻飞虱有特效和长效，对天敌杀伤少，对人畜低毒。虱纹灵每亩用药 1 包（35g），兼治纹枯病；25% 扑虱灵可湿性粉剂每亩用 25～30g，加水 50L 喷雾。此外，叶蝉散、速灭威、巴沙等均有速效作用，但药效期较短。

八、直纹稻弄蝶

直纹稻弄蝶又名稻弄蝶、苞叶虫。主要为害水稻，也为害多种禾本科杂草。成虫：为中型蛾子。体及翅均为黑褐色，并有金黄色光泽。翅上有多个大小不等的白斑。卵：半圆球形，散产在稻叶上。幼虫：两端较小，中间粗大，似纺锤形。老熟幼虫腹部两侧有白色粉状分泌物。蛹：近圆筒形，体表常有白粉，外有白色薄茧。

（一）发生特点

稻苞虫种类较多。在我国主要发生为害的为直纹稻苞虫，局部地区间歇性严重发生。南方稻区幼虫通常在避风向阳的田、沟边、塘边及湖泊浅滩、低湿草地等处的李氏禾及其他禾本科杂草上越冬，或在晚稻禾丛间或再生稻下部根丛间、茭白叶鞘间越冬。

成虫昼出夜伏，白天常在各种花上吸蜜，卵散产在稻叶上。所以，在山区稻田、新稻区、稻棉间作区或湖滨区大量发生，为害较重。

直纹稻苞虫在广东、海南、广西 1 年发生 6～8 代；长江以南，南岭以北如湖北、江西、湖南、四川、云南 1 年发生 5～6 代；长江以北 1 年发生 4～5 代；黄河以北 1 年发生 3 代；辽宁 1 年发生 2 代。

在湖南、江西、四川、贵州、湖北等地的一季中稻区，稻苞虫的主害时期在 6 月下旬到 7 月，尤其对山区中稻为害较重。在湖滨地区的一季晚稻也常会遭受较大面积的为害。

（二）危害特征

幼虫吐丝缀叶成苞，并蚕食，轻则造成缺刻，重则吃光叶片。严重发生时，可将全田甚至成片稻田的稻叶吃完。早期危害造成白穗减产，晚期危害大量吞噬绿叶，造成绿叶面积锐减，减少稻株光合作用面积，使植株矮小，稻谷灌浆不充分，千粒重低，严重减产，更为严重的是由于稻苞虫危害，导致稻粒黑分病剧增，收获的稻谷中带病谷粒多，加工时黑粉不易去除，直接影响稻米质量，造成经济损失，威胁消费者的身体健康。一般在山区、半山区、滨湖地区、新垦稻区、旱改水地区，常间歇发生成灾。

（三）防治措施

冬春季成虫羽化前，结合积肥，铲除田边、沟边、积水塘边的杂草，以消灭越冬虫源。

药剂防治：稻苞虫在田间的发生分布很不平衡，应做好测报，掌握在幼虫3龄以前，抓住重点田块进行药剂防治。在稻苞虫经常猖獗的地区内，要设立成虫观测圃（如千日红花圃）预测防治适期。在成虫出现高峰后2～4d是田间产卵高峰；10～14d是田间幼虫出现盛期。在成虫高峰后7～10d，检查田间虫龄，决定防治日期。防治指标：一般在分蘖期每百丛稻株有虫5头以上，圆秆期10头以上的稻田需要防治。可选用下列药剂：每亩用甲敌粉（1.5%甲基1605混3%敌百虫粉剂）2～2.5kg，拌干细土25kg，或拌干草木灰5kg（随拌随用），在晨露未干时撒施。或用2.5%溴氰菊酯乳油或20%速灭杀丁乳油5 000～8 000倍液，或用50%杀螟松800倍液，或10%多来宝1 500倍液，或90%敌百虫厚药800～1 000倍液，或50%杀螟硫磷800～1 000倍液喷雾。也可以每亩用杀螟杆菌菌粉（每克含活孢子100亿以上）100g加洗衣粉100g，兑水100kg喷雾。

在幼虫为害初期，可摘除虫苞或水稻孕穗前采用梳、拍、捏等方法杀虫苞。一般防治螟虫、稻纵卷叶螟的农药，对此虫也有效，故常可兼治。若发生量较大，需单独防治时，对3龄前幼虫，每亩每次可用18%杀虫双水剂100～150g喷雾，或用2.5%甲敌粉2～2.5kg喷粉；3龄后幼虫，可用90%

敌百虫厚药 100 ～ 150g，或 50% 杀螟松乳油 100g，或 50% 辛硫磷 100g 加水 50 ～ 60L 喷雾。也可用 Bt 乳剂每亩 200g 兑水 50L 喷雾防治。由于稻苞虫晚上取食或换苞，故在下午 4 时以后施药效果较好。施药期内，田间最好留有浅水层。

根据目前各省水稻病虫害发生情况，在选用毒死蜱或杀虫单防治稻纵卷叶螟和二化螟时兼治稻苞虫。若发生量较大，需单独防治时，对 3 龄前幼虫，每亩每次可用 18% 杀虫双水剂 100 ～ 150g 喷雾，或用 2.5% 甲敌粉 2 ～ 2.5kg 喷粉；3 龄后幼虫，可用 90% 敌百虫厚药 100 ～ 150g。

九、稻螟蛉

水稻等作物的食叶害虫，又名为双带夜蛾，鳞翅目，夜蛾科。分布于日本及东南亚，中国东半部各主要稻区均有发生。为害水稻、高粱、玉米、粟、陆稻、甘蔗、野黍、茭白、稗草、李氏禾等。20 世纪 30 年代初期江苏、浙江一带间歇成灾；50 年代局部地区仍较严重；60 年代多数地区曾得到控制，70 年代以来，随着施肥水平的提高，部分地区又有回升趋势。

成虫呈暗黄色。雄蛾翅展 16 ～ 18mm，体长 6 ～ 8mm，深黄褐色前翅；后翅灰黑色。雌蛾较雄蛾稍大，体色略浅，雌蛾前翅淡黄褐色；后翅灰白色。卵粒呈扁圆形；卵初产呈淡黄色，卵孵化前逐渐变紫色。老熟幼虫体长 22mm，呈绿色，头部呈淡褐色或黄绿色。幼虫仅有腹足 2 对和臀足 1 对，幼虫似尺蠖一样行走。蛹初期为绿色，以后渐变黄褐色。蛹腹末有钩 4 对，最长的是最后 1 对。

（一）发生特点

中国年生 3 ～ 6 代，以蛹在稻丛、杂草叶苞中或叶鞘间越冬。南昌越冬代成虫发生于 4 月中旬至 5 月中下旬，第一代 5 月下旬至 6 月中下旬，第二代 6 月下旬至 7 月底，第三代 8 月初至 9 月中旬，第四代 9 月上旬至 10 月中旬；卵期 3 ～ 6d，幼虫期 11 ～ 27d；蛹期 4 ～ 8d；成虫寿命 4 ～ 7d，其中产卵前期 2 ～ 3d，产卵期 2 ～ 4d。多于清晨羽化，具趋光性，白天潜伏于稻丛杂草间，夜晚交配产卵，卵多产在叶片上，少数亦可产在叶鞘上，聚生，每处 2～20 粒，排成 1～3 列，每列 3～5 粒。幼虫多于清晨孵化，白天静伏叶上，夜间或阴雨天取食为害。老熟后常将叶尖折成三角形虫苞，并咬断虫苞下部落在田面，结薄茧化蛹其中。常见捕食性天敌有蜘蛛、蜻蜓、侧刺蝽、青蛙、燕子等。

（二）危害特征

水稻大螟危害症状可以导致枯鞘、枯心、白穗等。幼虫蛀入稻茎为害，可造成枯鞘、枯心苗、枯孕穗、白穗及虫伤株。大螟危害的孔较大，有大量虫粪排出茎外。受害稻茎的叶片、叶鞘部都变为黄色。

（三）防治措施

冬季积肥同时铲除田边杂草；稻螟蛉化蛹盛期时清除掉三角蛹苞；稻螟蛉盛蛾期黑光灯诱杀。

幼虫初龄时药剂防治：90% 敌百虫厚药或 80% 敌敌畏乳油 800～1 000 倍液兑水 40～50kg 喷雾。水田中放鸭子取食稻螟蛉虫。性诱剂：二化螟性诱剂专化性强，省工、省时、经济有效。

十、大 螟

大螟俗名也叫钻心虫，是一种杂食性害虫，除为害水稻外，还为害玉米、甘蔗、茭白、高粱等作物。在我国种植杂交稻的大部分地区，尤其是长江流域，大螟群体数量不断上升，为害逐年加重，成为杂交稻上的主要害虫之一。成虫：为淡褐色蛾子，身体较肥大，头部下端口器退化。翅短阔，中央有褐色纵线纹。卵：卵粒扁圆形，一般由 2 列或 3 列卵粒排成长条形的卵块。常产在叶鞘内侧。幼虫：身体粗壮，紫红色。蛹：体肥大，褐色，头、胸部常有白粉状分泌物。

（一）发生特点

大螟以幼虫在稻苑、茭白等残株及其他寄主植物中越冬，冬季天晴暖时，还可取食。成虫喜在茎秆粗壮、叶色浓绿和叶鞘松散的水稻上产卵，尤喜在田边稻株上产卵。在湘西、四川等山区是为害玉米的主要害虫。大螟在云南、贵州及四川西北部山区一带1年发生2代；河南、江苏南通以北、四川成都地区等1年发生3代；湖南、湖北、江西、浙江等地1年发生4代；台湾等省1年发生6～7代。食性较杂，发生期不整齐，世代重叠。在湖南滨湖地区严重为害双季晚稻，以第三代发生量最大，往往造成杂交晚稻的严重受害。在四川一些地区，第一代主要为害玉米，第二代为害水稻，成为杂交稻夏季制种田的主要害虫。第三代为害玉米和晚稻，也是川东一带秋季制种田的主要害虫。

（二）危害特征

大螟与二化螟一样，幼虫在水稻分蘖期造成枯鞘、枯心，孕穗和抽穗期造成枯孕穗和白穗，抽穗后造成半枯穗和虫伤株，对产量影响很大。

（三）防治措施

1. 越冬防治

同二化螟。冬季翻耕稻田，拾毁残存稻桩和铲除田边茭白残株等。绿肥留种田于4月二化螟大量化蛹期间，及时灌水2～3d，可淹死部分化蛹虫源。

2. 清除其他载体

拔除第一代玉米受害株，减少第二代转入为害水稻的虫量。

3. 药剂防治

根据大螟喜在田边数行稻苗上产卵的习性，在卵块盛孵始期田边需重点防治，消灭初孵蚁螟。对螟害重的田块约隔1周施1次药，连续2次，可收到很好的防治效果。使用药剂种类及方法可参考二化螟的防治方法。

十一、稻瘿蚊

稻瘿蚊别名稻瘿蝇。在幼虫期吸食水稻生长点汁液，致使水稻不能抽穗。现分布于广东、广西、福建、云南、贵州、海南、江西、湖南、台湾等地区。

（一）发生特点

通常于每年的 3 月下旬至 4 月上旬开始羽化，羽化后随即交尾产卵并迅速孵化，进而侵害水稻。

（二）危害特征

稻瘿蚊作为水稻的主要害虫之一，它造成水稻无心叶或心叶变窄、变短，甚至形成"标葱"（状如葱管），令水稻无法抽穗结实，危害性极大。主要为害水稻，特别是晚造水稻的秧苗和本田前期的禾苗，幼穗形成后一般不再受害。通常秧期或本田分蘖期如遇上稻瘿蚊成虫产卵高峰期则会对水稻造成较严重的危害。

（三）防治措施

1. 调整栽培制度

通过调整播种期和栽插期，避开成虫产卵高峰期。可适当早播早栽，早稻可于清明前移植，晚稻可于小暑前播种，立秋前移植，使秧期或本田分蘖期与稻瘿蚊成虫产卵高峰期错开，避免或减轻稻瘿蚊的危害。稻瘿蚊喜欢为害叶色嫩绿的禾苗，育秧时尽量培育老壮秧。实行抛秧的农户尤其要加强对稻瘿蚊的防治工作，因为抛秧苗的特点是秧龄短，叶色嫩绿，易引诱稻瘿蚊。同时不插（抛）"标葱"秧，大田初期如发现"标葱"秧要及时拔除并补栽健苗。同时选用抗虫耐害的高产良种，并有规律地进行品种轮换，抑制稻瘿蚊的发生和扩散。

2. 合理布局

同一田块，尽量使用相同品种或相同熟期的品种，避免各品种因熟期不一致而成为稻瘿蚊源源不断的食物来源，切断稻瘿蚊的"桥梁田"，恶化其营养条件。稻瘿蚊通常在冬春季藏匿于田边、河沟边及屋边田周围的杂草中进行越冬，在冬春季结合积肥铲除、清理、烧毁田边、沟边、屋边田周围的杂草，破坏稻瘿蚊的越冬场所，能有效地降低越冬虫数。

稻瘿蚊具有喜高湿不耐干旱的特点，过分密植则会导致行间郁闭，光照少，田间湿度大，为稻瘿蚊的发生提供温床。可以通过合理密植，减少无效分蘖，使分蘖和抽穗整齐，创造一个有利于水稻生长发育而不利于稻瘿蚊发生的环境。

3. 合理施肥

对已遭受稻瘿蚊侵害的稻株给予彻底有效的药剂防治的同时，适当追施速效肥料以改善水稻的营养条件，使其迅速恢复生长，减轻水稻的损失。

4. 适时晒田

够苗及时晒田，能促进土壤微生物的活动及根系的吸收，降低田间湿度，恶化稻瘿蚊发生环境，有效预防稻瘿蚊的发生和增强水稻的抗虫力。进行合理排灌，避免长期积水而招引或加重稻瘿蚊的危害。

5. 重视生物防治，充分发挥自然控害作用

稻瘿蚊天敌有寄生性天敌（寄生蜂等）和捕食性天敌（青蛙等）两种。它们在控制稻瘿蚊数量上发挥比较明显的作用。要采取各种积极有效的措施保护和增加稻瘿蚊天敌的数量，为其创造繁殖、发育的有利条件，注意避免在天敌繁殖及活动时间内施药，尽可能使用生物农药以减少天敌杀伤量，最大限度地保护天敌的优势种群，充分发挥生物防治的作用。插秧后30d内不宜使用对天敌有杀伤作用的杀虫剂，以利于天敌建立种群，抑制稻瘿蚊的繁殖和转移。

6. 抓好化学防治，对症适时施药

选用一些对稻瘿蚊具有强力杀灭作用的选择性或内吸性药剂，如益舒宝、克百威、呋喃丹等，它们对稻瘿蚊均具有良好的防治效果。

7. 适期施药

针对稻瘿蚊主要为害水稻秧苗和本田前期禾苗的特点，着重抓好秧期和本田分蘖期的田间调查监测和防治，根据植保部门对稻瘿蚊的预测预报，掌握在稻瘿蚊幼虫孵化高峰期和成虫始盛期及时施药防治，可取得理想防治效果。秧苗一针一叶期要施一次药进行预防。本田期初现"大肚"秧苗时，及时施药防治和适当追施肥料，把秧田标葱率和本田分蘖期标葱率分别控制在5%和3%以下。

8. 掌握恰当的施药方法，提高防治质量

稻瘿蚊进行药剂防治时田内要有浅水层，以提高防治效果。同时根据稻田的实际情况选择合适的防治方法，处理好单治与兼治的关系，视稻田病虫

害种类和数量的多少选择挑治或普治。在保证防治效果的前提下，尽量减少用药次数、用药面积和用药数量。同时要注意交替用药，避免长期使用同一种农药造成稻瘿蚊抗药性和耐药性增强的现象。另外对杀虫作用、机理对象互补的农药合理地混配，提高农药的杀虫效果。

十二、稻秆蝇

稻秆蝇又称稻秆潜蝇、稻钻心蝇，主要为害水稻，在湖南省发生为害有逐年加重趋势，已由原来的次要害虫上升为主要害虫。在桃江县，稻秆潜蝇发生面积逐年扩大，2012年发生面积667hm²，2015年发生面积6 667hm²，2016年发生面积2万 hm²。近3年早稻平均为害株率12.1%，最高31.75%；晚稻平均为害株率19.33%，最高35%。稻秆潜蝇属完全变态昆虫。在湖南省一年发生三四代，1代幼虫盛发期在4月下旬至5月上旬，主要在早稻上为害；2代幼虫盛发期在7月上旬至8月上旬，在一季稻和晚稻上为害。前期以初孵幼虫借露水沿叶背向下移动，啃食心叶及幼叶为主，后期主要为害幼穗。

成虫体鲜黄色，是黄色小蝇，体长2.3～3mm，复眼大，暗褐色；触角有3节，分别为黄褐色、暗褐色、黑色，头胸等宽，头顶有1钻石形黑斑，胸部背面有3条黑褐色纵纹，腹部纺锤形，体腹面浅黄色，足黄褐色，足节末端暗黑色，翅展5～6mm，翅透明，翅脉褐色；卵白色，长约1mm，呈长椭圆形，表面有纵行波状柳条纹，孵化前呈淡黄色；幼虫白色，老熟幼虫乳白色，体长约6mm，近纺锤形，前端略尖，口钩浅黑色，表皮强韧具光泽，尾端分两叉，端尖开有气孔；蛹初期白色，中后期转黄褐色，体长约6mm，尾端分两叉与幼虫相似，羽化前体收缩。

（一）发生特点

冬暖夏凉的气候易发生稻秆潜蝇，多露、阳光不足、阴雨天多的年份卵孵化率、幼虫侵入率均高，发生与为害较重。此外，种植密度大、环境潮湿、田水温度低、氮肥施用量多、水稻长势嫩绿的田块，受害也重。稻秆潜蝇卵散产，一般一叶一卵。成虫把卵产在秧苗上，孵化后的幼虫借露水沿稻株叶背向下移动侵入心叶为害直至羽化。日均温35℃以上时，幼虫发育受阻。

在进行水稻种植时，由于山区环境等原因，缺少阳光照射，因此湿度相较于平地会更大，更加有利于稻秆潜蝇的生存，若同一品种的水稻同时进行山区和平地种植，山区的被害苑率会高出15%。通常水稻在沙质稻田种植时，前期发育会比较快，而水稻在黄泥稻田种植时，前期发育比较慢，因此相较于沙质稻田而言，黄泥稻田受到幼蝇为害会较轻。

幼虫在水稻苗期取食叶片造成破叶，水稻幼穗分化期危害幼穗而形成扭曲短小的白穗，部分粒壳变白，称为"花白穗"，以及孕穗期抽出的叶片也有长条形孔洞。幼虫不转株为害，老熟后，大多爬至植株叶鞘内侧化蛹，一般1鞘1蛹。为害程度有地区、年份差异：稻秆潜蝇喜阴凉和阴湿环境，山丘区发生重于平原区，气温低的年份发生为害较重；在同一地区，肥料充足、生长嫩绿的稻田发生较重。

（二）危害特征

1. 苗期受害

稻株心叶未抽出前是一层层地卷成筒状，初孵幼虫钻入稻株茎内后5～8d出现被害症状，被幼虫为害取食后的心叶抽出展开后，上有椭圆形或长条形小孔洞或白斑点，后发展为若干条细长并列的裂缝，边缘腐烂，叶片破碎成"栅栏"状，被害叶尖变为黄褐色，新叶扭曲或枯萎。裂缝较大时，遇风叶片很容易折断。由于心叶内潮湿，被害心叶抽出展开后有较强的腐臭味。幼虫主要取食心叶及生长点，严重时造成秧苗枯心，甚至整株枯死。稻株受害后期会出现分蘖增多、植株矮化，抽穗延迟、穗头小、秕谷增加等现象，严重影响水稻产量。

2. 孕穗期受害

水稻幼穗分化期稻秆潜蝇幼虫钻入稻株心部取食穗花，造成穗形残缺不全、稻穗短小白色或出现花白穗；颖花退化、颖壳呈白色，并有腐烂表现，似退化的颖，形不成正常的谷粒，最终表现为穗部仅少许退化发白的枝梗或畸形小颖壳，稻穗缺枝少粒，呈"刷子头"或不勾头的光头穗、朝天穗现象，严重影响水稻产量。稻秆潜蝇幼虫在水稻株抽穗后为害，对水稻伤害较轻，因幼虫只取食叶鞘，仅造成一点小伤痕，不影响产量。

（三）防治措施

1. 消灭越冬虫源

防治稻秆潜蝇时，首先要清除越冬虫源，有效减少稻秆潜蝇的发生。在清除越冬虫源时，可以在冬季进行化学除草，显著降低越冬虫的数量。对空置闲田以及绿肥田，可在稻秆潜蝇的化蛹初期结合灌水、翻耕等方式达到清除虫蛹的目的。

2. 改善育秧技术

通常情况下，1代稻秆潜蝇会聚集在早稻秧苗上产卵，为稻田带来伤害，因此，可以通过改善育秧技术来降低稻秆潜蝇对秧苗的破坏。在实际育秧时，可以选择使用地膜打洞方法，规避掉1代稻秆潜蝇的产卵期，保证早稻的正常发育。在进行地膜打孔育秧时，需要将地膜卷在木板上面，卷完后将厚纸放在地膜之上，按照4cm×4cm的间距进行打洞，地膜边缘的15cm处不需要进行打洞处理。秧田需要按照旱育秧的方式做好秧畦，保证边缘光滑且有一定倾斜角度，并施足基肥。在秧苗播种完成后，需要将紫云英切段加入秧畦中进行地膜覆盖，地膜边缘必须贴紧秧畦边缘。在进行育秧管理时，使用膜棚架的方式育秧即可。

3. 选择合适的水稻品种

根据水稻种植区域的不同，选择更加适合的水稻品种进行种植。优先选择抗虫性良好的水稻品种，还需要考虑当地的气候条件。根据水稻品种合理调节播种时期，可减少稻秆潜蝇对水稻的为害。

4. 改善农耕制度

如果在单、双季水稻混栽地区进行水稻种植，可以尽量减少单季稻的种植，从而降低稻秆潜蝇的为害。在冬季以及春季，需要及时进行杂草处理，通过田间管理也能够减少大量的越冬虫源。同时，排水晒田也能够有效地降低虫害发生。

5. 化学防治

稻秆潜蝇的为害具有一定的规律性，因此对其进行防治时越早越好，通过狠治1代潜蝇，能够显著地降低后续潜蝇数量，更好地保证水稻产量。稻秆潜蝇的不同生长时期具有不同的防治方法，想要采取内吸性药物来进行稻秆潜蝇幼虫的防治，就需要在成虫高发期到幼虫初孵期进行用药；如果使用茎叶喷雾，就需要在初孵期至成虫高发期进行药剂喷洒。在防治稻秆潜蝇成虫时，可选择使用浓度在80%左右的敌敌畏乳油，或者采用浓度在90%左右的晶体敌百虫，稻田施用量为2 000mL/hm^2，2种药剂都需要加水喷雾。而防治稻秆潜蝇幼虫，可以采用浓度40%左右的乐果乳油，以及浓度50%左右的螟硫磷乳油，稻田施用量皆为1 300mL/hm^2，施药时加水喷雾。在使用药剂防治时，需要保持变更药剂的观念，不要在使用同一种药剂后，发现药效不理想时增加药剂用量，这样对于稻秆潜蝇的防治没有任何好处，可以在药剂效果下降后选择使用其他农药来进行稻秆潜蝇的防治，避免稻秆潜蝇产生抗药性。

6. 防治适期

一般在稻禾3～5叶期防治效果较好，以及早稻4月下旬至5月上旬、一季稻6月下旬至7月上旬、晚稻8月上旬。

十三、中华稻蝗

中华稻蝗分布在中国南、北方各稻区。为害主水稻、茭白及其他禾本科植物，豆科、旋花科、锦葵科、茄科等多种植物。成虫雄体长15～33mm，雌虫长19～40mm，黄绿、褐绿、绿色，前翅前缘绿色，余淡褐色，头宽大，卵圆形，头顶向前伸，颜面隆起宽，两侧缘近平行，具纵沟。

（一）发生特点

浙江、湖南以北年生1代，以南年生2代，各地均以卵块在田埂、荒滩、堤坝等土中1.5～4cm深处或杂草根际、稻茬株间越冬。广州3月下旬至4月上旬越冬卵孵化，南昌5月上中旬，湖北汉川5月中下旬，北京6月上旬，吉林省公主岭7月上中旬；广州6月上中旬羽化，南昌7月上中旬，汉川7月中下旬，北京8月上中旬，公主岭为8月中下旬羽化。二代区二代成虫多在9月羽化，各地大体相同。成虫寿命59～113d，产卵前期25～65d，一代区卵期6个月，二代区第一代3～5个月，第二代近1个月，若虫期42～55d，长者80d。喜在早晨羽化，羽化后15～45d开始交配，一生可交配多次，夜晚闷热时有扑灯习性。卵成块产在土下，田埂上居多，每雌产卵1～3块。初孵若虫先取食杂草，3龄后扩散为害荚白、水稻或豆类等。天敌有蜻蜓、螳螂、青蛙、蜘蛛、鸟类。

（二）危害特征

成、若虫食叶成缺刻，严重时全叶被吃光，仅残留叶脉。

（三）防治措施

耕翻稻田地边，使其不能生长杂草，宽度在2m左右。一是为了破坏蝗虫卵块，使蝗卵不能孵化；二是阻止草原上的蝗蝻进入稻田。

在蝗虫进入稻田之前，在稻田与草原交界处打一条2m宽的药带，使蝗虫未进入稻田就被杀死。

当蝗虫进入稻田后，喷洒乳油类杀虫剂，如25%快杀灵或5%高效氯氰菊酯，每亩用药25～30mL，既有胃毒作用又有触杀作用，而且药液喷在稻叶上不易挥发。

十四、稻象甲

水稻象甲又称稻象鼻虫、稻象虫，属鞘翅目稻象甲科，不仅为害水稻，还为害小麦、玉米、高粱、谷子、油菜等多种农作物及稗草、牛筋草、马唐、狗尾草等多种杂草。成虫咬食叶片，幼虫为害新根，以多年稻麦轮作方式为害较重。

（一）发生特点

1年发生1代，多以成虫越冬，4月底至5月上旬相继为害各种作物，7月上中旬达到为害高峰。稻象甲成虫有扑灯、潜泳、钻土、喜甜味、假死、趋暗避光和日潜夜出等习性。在本地1年发生1代，多以成虫在田边干松土缝、杂草、枝叶、稻花、稻桩上越冬，少量老熟幼虫和蛹在表土下3～6cm稻丛须根边或做土室越冬，其越冬虫态比例为成虫的86.9%～92.5%，幼虫8.7%～9.2%，蛹1.5%～2.4%。越冬幼虫于5月初开始化蛹，5月中下旬进入化蛹盛期，6月上旬盛发。据测定，在室温条件下，蛹期10～15d，平均12d，所需积温235.8～325.6℃。成虫于5月中下旬始见，6月中下旬盛发，7月下旬终见。6月下旬至7月上旬集中产卵，卵期5.5～7.5d。越冬成虫先在育秧田、早春玉米、高粱、谷子田边取食作物心叶、叶片和幼茎及小麦正在灌浆籽粒，密度增加时扩展至田中，晴天白天躲藏在秧苗基部株间或田埂的杂草丛中，而玉米、高粱、谷子及麦田多在茎基下部干松土缝中。成虫早晚或阴天可整天取食危害，坠入水中仍可游水重新攀株为害。雌虫在距水面3～4cm稻秧基部及叶鞘上选产卵处，先咬1小孔，产卵于内，每处产1粒至数粒不等。初孵幼虫潜入土中，聚集于稻根周围为害，并以此虫态在土壤中越夏或越冬。幼虫绝大部分分布在以稻丛为中心，直径10～12cm，深5～6cm的范围内。

（二）危害特征

稻象甲成虫在水稻上为害茎叶，幼虫为害根系，以幼虫为害为主。成虫以管状喙咬食秧苗心叶、幼茎，心叶抽出后叶片形成一排小孔，严重时断叶断心，形成无头苗。玉米、高粱、谷子幼苗为害症状与水稻秧苗为害症状相似。成虫将卵产在稻株基部叶鞘，卵孵化为幼虫后先咬食叶鞘组织，沿稻株潜入土中取食幼嫩须根，轻者稻株叶尖发黄，生长缓慢，似缺肥状；严重时整株枯死，成片枯萎，或穗小粒少，不实粒多，减产严重。成虫咬食油菜主茎基部，严重时出现整排空洞，造成茎基部折断。稻象甲还偶食麦苗、棉花、李氏禾、茭白等植物，小麦抽穗后成虫还可以以管状喙刺入麦粒吸食籽粒浆液，造成瘪粒增多，降低千粒重。

（三）防治措施

由于稻象甲主要以幼虫为害根系，隐蔽性强，发现为害再施药为时已晚。因此在防治上应贯彻预防为主，合理耕作，诱杀成虫，治成虫控幼虫的防治策略，重点抓好越冬代成虫防治，集中防治稻秧田和早插稻本田。

1.控制虫源

前茬收获后，及早深耕细耙，精耕细作，可使部分老熟幼虫、蛹、成虫受到机械创伤或暴露于地表被鸟类等天敌啄伤。灌水泡田时多犁多耙，捞取浪渣深埋或烧毁，从而降低虫口密度。

2. 诱杀成虫

在成虫开始盛发时，即 6 月 10—30 日，用糖醋液草把，于傍晚撒放于稻象甲活动处，翌晨搜出集中消灭。糖醋液以酒、水、糖、醋的比例为 1 : 2 : 3 : 4 诱集效果最好，适用于稻象甲一般发生田的防治。方法是用稻草 20 ～ 30 根扎好草把放进诱集液蘸一下，于傍晚插把，清晨收把拾虫深埋，300 ～ 450 把 /hm^2 诱集效果达 90% 以上，一般 2 ～ 3 次即可把稻象甲成虫控制在很低的密度范围以内。

3. 育秧避虫

水育秧田应尽量选择远离山坡、河边、树林等杂草较多的虫源区，并相对集中育苗，减轻为害。喷洒农药时，不仅要对秧苗喷药，还要对秧苗周围杂草喷药，能起到较好的杀灭阻隔作用。对为害较重的田块，可适当增加用药次数。

4. 合理轮耕轮作，精细耕作

推广以少耕为主体，深浅、免耕相结合的耕作制度，充分发挥深耕、精耕对幼虫的杀灭作用，可有效控制稻象甲种群数量的上升。实行水旱轮作，同时可避开成虫发生高峰期，减轻受害程度。

5. 及时中耕并排水晾田

在中耕中杀死一批幼虫，使未被杀死的幼虫提前化蛹。晾田后，田面晾至开丝坼时，用 3% 呋喃丹颗粒剂 30kg/hm^2，拌细沙或细土 375 ～ 450kg，撒施于稻田表面，再慢灌 2 ～ 3cm 的水层，可杀死大部分幼虫。

6. 化学防治

成虫防治最佳时期是 6 月 5—25 日，每公顷用 40% 三唑磷乳油 1 500 ～ 3 000mL，或 25% 辛氰乳油 450mL，或 40% 毒死蜱乳油 900 ～ 1 500mL，或 40% 氰戊菊酯乳油 150mL 兑水 600kg 喷雾，防治效果在 95% 以上。幼虫防治，适期为 6 月 25 日至 7 月 15 日，每公顷用 3% 米乐尔颗粒剂 30kg，或 3% 呋喃丹颗粒剂 30 ～ 45kg，或 10% 辛硫磷颗粒剂 45 ～ 60kg，兑细沙或细土 300kg，均匀撒施于稻田后，缓慢灌一层 2cm 左右的水层，可使大部分幼虫中毒死亡，防效在 85% 以上。

十五、黑尾叶蝉

黑尾叶蝉属半翅目叶蝉科，在我国华东、西南、华中、华南、华北以及西北、东北部分省均有分布，其中以浙江、江西、湖南、安徽、江苏、上海、福建、湖北、四川、贵州等省发生较多。寄主植物主要有水稻、草坪禾草、大麦、小麦，也取食甘蔗、玉米、高粱、茭白、稗、游草、看麦娘、白茅、狼尾草等，通过取食和产卵时刺伤寄主茎叶，破坏输导组织，致植株发黄或枯死。

（一）发生特点

黑尾叶蝉在江、浙一带一年可发生 5 ～ 6 代。卵长茄形，长 1 ～ 1.2mm，多产于叶鞘边缘内侧，少数产于叶片中肋内。卵粒单行排列成卵块，每卵块一般有卵 11 ～ 20 粒，最多可达 30 粒。若虫共 5 龄，体长 3.5 ～ 4mm。一般在早晨孵化，初孵若虫喜群集在寄主叶片上，随着龄期增长，逐渐分散为害植株。早晚潜伏，午间比较活跃。黑尾叶蝉主要以若虫和少量成虫在绿肥田、冬种作物地、休闲板田、田边、沟边、塘边等杂草上越冬。越冬若虫多在 4 月羽化为成虫，迁入稻田或茭白田为害，少雨年份易大发生。成虫喜聚在矮生植物上，善跳。趋光性强，若虫喜栖息在植株下部或叶片背面取食，有群集性，3 ～ 4 龄若虫尤其活跃。

（二）危害特征

黑尾叶蝉传播的水稻黄矮病（RYSV），黑尾叶蝉获毒经过循回期后，可终身传毒，但不经卵传播。黑尾叶蝉若虫带 RYSV 毒越冬后为早稻的最初主要侵染源，晚稻的侵染源来自早稻上发生并获毒的第 2、第 3 代虫，故一般 7 月中旬至 8 月初为该病传播高峰期，应及时采取防控措施。水稻植株受 RYSV 侵染后，植株矮缩、株形变得松散、病叶平展或下垂，前期叶片黄色，杂有碎绿斑块，后期全叶枯黄卷缩；病株根系老朽短少；苗期感病植株严重矮缩，不分蘖枯死；分蘖期感病分蘖减少，结实不良，严重影响水稻产量。

（三）防治措施

除 20 世纪 80 年代采用的滴油扫落、换水深灌、压低孵化率减轻黑尾叶蝉危害的传统防治方法外，防治黑尾叶蝉的重要方法归纳起来主要有化学防治、行为诱导防控法和利用有害生物综合治理策略等。

1. 化学防治

施用化学药剂防治黑尾叶蝉见效快且明显，对降低田间害虫密度有明显作用，因此化学防治法依然是防治黑尾叶蝉种群及其引起的水稻病毒病的重要手段与方法。有大量在田间施用化学药剂防治黑尾叶蝉的研究报道，如若虫 3 龄前常用的药剂有 50% 叶蝉散乳油、90% 敌百虫厚药、50% 杀螟硫磷乳油、50% 混灭威乳油、25% 杀虫双水剂、10% 氯噻啉可湿性粉剂等；在成虫盛发期常用 25% 噻嗪酮可湿性粉剂 1 000 ～ 1 500 倍液，2.5% 三氟氯氰菊酯乳油 5 000 倍液等喷雾防治（冯渊博等，2011；冯成玉和陆晓峰，2014）。也可利用生物代谢产物以及仿生合成的低毒高效农药制剂来控制病虫害。

2. 行为诱导防控法

原理是利用黑尾叶蝉等害虫对光线、颜色等表现出较强趋向性的特点，以及对某类化学物质具有特殊趋性等特点，对害虫实施引诱后集中杀死的防控技术，如太阳能杀虫灯在水稻等多种作物的病虫害防治中均可推广，有效防控面积平均为 1 亩 / 台，但其缺点是同样可能会引诱天敌昆虫。利用性诱剂制成生物诱捕器诱集害虫等的应用，则具有无污染、针对性强等优点。

3. 利用有害生物综合治理策略

防治黑尾叶蝉种群的生物天敌主要有捕食性天敌与寄生性天敌。捕食性天敌主要有多种稻田蜘蛛、瓢虫、宽黾蝽、隐翅虫、步甲、猎蝽等。鸭子也可捕食叶蝉、飞虱及其他害虫，刺激水稻健壮生长，研究的稻鸭共育技术，可有效减轻水稻的病虫草害的危害。稻田寄生性天敌资源也非常丰富，如卵寄生蜂有褐腰赤眼蜂、黑尾叶蝉缨小蜂和黑尾叶蝉大角啮小蜂等，其中以褐腰赤眼蜂为主，寄生率较高。

十六、稻蓟马

稻蓟马别名稻直鬃蓟马，属缨翅目蓟马科，其寄主是水稻、大麦、小麦、玉米、甘蔗、看麦娘、游草、双穗雀稗等禾本科植物。国内分布于长江流域及华南各省，南方稻区普遍发生。为害水稻的蓟马，常见的主要为稻蓟马，其次为稻管蓟马、花蓟马等。稻蓟马和花蓟马属蓟马科，稻管蓟马属管蓟马科。成虫体长 1 ～ 1.3mm，雌虫略大于雄虫，深褐色至黑色。头近正方形，触角鞭状 7 节，第 6 ～ 7 节与体同色，其余各节均黄褐色。卵肾形，长约 0.2mm，宽约 0.1mm，初产白色透明，后变淡黄色，半透明，孵化前可透见红色眼点。若虫共 4 龄。

（一）发生特点

成虫性活泼，迁移扩散能力强，水稻出苗后就侵入秧田。天气晴朗时，成虫白天多栖息于心叶及卷叶内，早晨和傍晚常在叶面爬动。雄虫罕见，主要营孤雌生殖。雌成虫有明显趋嫩绿秧苗产卵的习性，一般在 2、3 叶期以上的秧苗上产卵，本田多产于水稻分蘖期。卵散产于叶面正面脉间的表皮下组织内，对光可看到针孔大小、边缘光滑的半透明卵粒。每雌产卵约 100 粒，产卵期 10 ～ 20d。

1、2 龄若虫是取食为害的主要阶段，多聚集中叶耳、叶舌处，特别是在卷针状的心叶内隐匿取食；3 龄若虫行动呆滞，取食变缓，此时多集中在叶尖部分，使秧叶自尖起纵卷变黄。因此，大量叶尖纵卷变黄，预示着 3、4 龄若虫激增，成虫将盛发。

（二）危害特征

稻蓟马主要在水稻苗期和分蘖期为害水稻嫩叶。成、若虫以锉吸式口器锉破叶面，吮吸汁液，致受害叶产生黄白色微细色斑，叶尖两翼向内卷曲，叶片发黄。

分蘖初期受害早的苗发根缓慢，分蘖少或无，严重的成团枯死。受害重的晚稻秧田常成片枯死似火烧状。穗期主要为害穗苞，扬花期进入颖壳里为害子房，破坏花器，形成瘪粒或空壳。

（三）防治措施

以农业防治为基础，物理防治、生物防治相结合，化学防治为辅。

1.调整种植制度

尽量避免水稻早、中、晚混栽，相对集中播种期和栽秧期，以减少稻蓟马的繁殖桥梁田和辗转为害的机会。

2.消除杂草

早春及9—11月，及时铲除田边、沟边、塘边杂草，清除田埂地旁的枯枝落叶，以减少冬后有效虫源。

3.合理施肥

在施足基肥的基础上适期追施返青肥，要防止乱施肥，使稻苗嫩长或不长，为害加重，可促使秧苗正常生长，减轻为害。

4.生物防治

捕食性天敌主要有花蝽、微蛛、稻红瓢虫等，可在很大程度上抑制虫害的发生。

5.化学防治

可选用的药剂有吡虫啉、阿维菌素、菊酯类、敌百虫等，化学防治是最直接、最见效的防治手段之一。药剂防治的策略是狠抓秧田，巧抓大田，主防若虫，兼防成虫。可依据使用时的实际情况选择合适的药剂，并注意药剂的轮换使用。

6.拌种处理

待种芽破胸后，将种芽洗净晾干，然后装入袋中，按种子重量1%的剂量加入35%好年冬种子处理剂，来回翻转使之均匀附于种子表面，可防治稻蓟马、叶蝉等害虫，防效期30d。

7.浸种处理

在播前3d用10%吡虫啉可湿性粉剂4.5kg/hm^2，加浸种灵和施宝克各450mL/hm^2，兑水3 000kg/hm^{2}浸种60h后催芽播种，对苗期稻蓟马防效可达95%以上，药效期长达30d左右。

8.喷雾防治

在幼虫盛发期，当秧田百株虫量 200～300 头或卷叶株率 10%～20%，水稻本田百株虫量 300～500 头或卷叶株率 20%～30% 时，应进行药剂防治。

十七、稻管蓟马

稻管蓟马又称禾谷蓟马，广泛寄生于禾谷类作物及多种禾本科杂草，在全国大部分稻区均有发生，为南方稻区水稻生产上的重要害虫之一，主要为害水稻等禾本科植物，属水稻生产上新发现的偶发性害虫。一般发生田块水稻减产 20%～40%，发生严重田块水稻减产 50%～60%，甚至导致全田绝收。2000 年后稻管蓟马在城固、汉台、勉县、南郑、洋县等县普遍发生，且发生面积逐年扩大，为害程度逐年加重，已逐渐上升成为常发性主要害虫，其孤雌生殖性、危害隐蔽性、发生偶然性是预测预警及精准防治的最大困难。

稻管蓟马属缨翅目管蓟马科害虫。成虫体长 1.5～1.8mm，黑褐色，头长方形，刺吸式口器，前翅透明，腹末呈管状，触角 8 节（稻蓟马触角 7 节），若虫同成虫体形相似。

（一）发生特点

据近年来调查研究，稻管蓟马在水稻整个生育期均有发生危害，但在水稻生长前期发生数量少，危害轻，且主要以稻蓟马发生危害为主。水稻前期叶片常出现灰白色斑点或失绿、叶尖卷枯等症状是由稻蓟马发生危害所致，而非稻管蓟马所致。稻管蓟马在汉中稻区多发生在水稻扬花期，成虫习性活泼，迁移扩散能力强。在颖花内取食、产卵繁殖，使被害稻穗出现不结实、颖壳畸形、不闭合。成虫强烈趋花，若虫取食水稻繁殖器官，对其发育有利。

稻管蓟马 1 年发生 8 代左右，以成虫在稻茬、落叶及杂草中越冬，早春危害小麦，以后转入水稻，常成对或 3～5 只成虫栖息于叶片基部叶耳处，卵多产于叶片卷尖处。若虫和蛹多潜伏于卷叶内，成虫稍受惊即飞散。雌成虫主要进行孤雌生殖，偶有两性生殖，极难见到雄虫。成虫产卵于颖壳或穗轴凹陷处，孵化后在穗上取食，危害花蕊及谷粒，扬花盛期出现虫量高峰。卵期 4～6d，1～2 龄若虫 7～12d，3～5 龄若虫（即预蛹、前蛹和蛹）3～

6d，雌成虫存活期 34 ~ 71d。每雌虫产卵 15 ~ 20 粒。取食植物的繁殖器官，对若虫发育有利。成虫强烈趋花，一旦植物开花，成虫立即飞集于穗花上活动，当花谢后又迅速迁到其他开花植株或另一种开花植物。成虫在复穗状花序植物（如小麦）的产卵量似多于圆锥花序植物（如水稻）。

具体包括：①发生世代，每年发生 8 ~ 10 代，繁殖快，世代多；②越冬虫源，该虫具有虫体小、繁殖快、危害大、识别难四大特点，成虫在稻桩、落叶及杂草中越冬，开春危害小麦，以后转入水稻；③寄主作物，广泛寄主于水稻、小麦、玉米、稗草、高粱等禾谷类作物及禾本科杂草等；④发生时期，在水稻孕穗期至抽穗扬花期大量发生，危害花器和穗粒，造成颖壳不闭合、穗粒畸形、不能结实。严重时稻穗不能正常抽出，引起籽粒不实。

（二）危害特征

稻管蓟马主要发生在水稻孕穗至抽穗扬花期，危害花器和穗粒，引起籽粒不实。发生早而严重的田块，植株枯心不能正常抽穗，生育期明显推迟。颖壳变为褐色，不能闭合，扭曲畸形，空粒不实；发生迟的田块，大多数株高正常，颖壳不闭合，穗粒扭曲畸形，不能结实。严重时稻穗不能正常抽出，引起籽粒不实。

由于受害植株表现症状与病害相似，加之稻管蓟马虫体微小难以发现，因此有些群众误以为是水稻病害或以为是种子质量问题所致。8 月中旬至水稻收获前，采集受害稻穗，在白纸上抖动，将跌落物收集后，可见稻管蓟马成虫；有时剥开剑叶叶鞘，亦能发现稻管蓟马成虫。为准确识别，可进一步通过放大镜、显微镜观察确认虫体。

（三）防治措施

贯彻"预防为主，综合防治"的植保方针，及时制定防控预案，准确识别稻管蓟马，落实综合防控技术措施，把危害损失降低到最低程度，是汉中稻区稻管蓟马防控的重要对策。

1.农业防治

冬春季清除田边杂草，特别是秧田附近的游草及其他禾本科杂草等越冬寄主，降低虫源基数；调整水稻种植结构，同一品种、同一类型田应集中种植，改变插花种植现象；受害水稻生长势弱，增施肥料可使水稻迅速恢复生长，培育和移栽壮秧，增强抗性，减少损失。

2. 生物防治

施药时注意保护稻田蜘蛛，维持蜘蛛种群数量，保持生态平衡，发挥天敌作用。

3. 化学防治

防治时期，在秧田期拔秧前 3d，结合施"送嫁药肥"，用杀虫剂在本田防治 1 次；插秧后 1 周结合防治二化螟，兼治 1 次大田稻管蓟马；水稻生长中后期是防治重点，视发生情况分类指导，区别对待。一般对未发生过的田块，在水稻孕穗末期至破口期（7 月中下旬）预防 1 次；对上年发生轻的田块，宜防治 2 次，分别在 7 月中旬和下旬各防治 1 次；对历年来发生严重的区域要防治 3 次，分别在 7 月上旬、中旬和下旬各防治 1 次。

4. 防治药剂

选用 10% 吡虫啉可湿性粉剂 $450g/hm^2$，或 25% 噻虫嗪水分散粒剂 $60g/hm^2$，或 25% 吡蚜酮可湿性粉剂 $375g/hm^2$，或 35% 吡·杀丹可湿性粉剂 $600g/hm^2$，兑水 $750kg/hm^2$ 均匀喷雾。

5. 关键施药技术

一是选用高效低毒内吸性杀虫剂。由于稻管蓟马虫体微小，活泼善飞，用药时最好集中连片防治，采用二次稀释法配药，喷药时从田四周向中间包围式喷雾，防止其迁移到未施药田块。二是高温季节施药应避开高温时段。夏季 7—8 月属高温季节，应避开中午高温时段。应在上午 10 时前和下午 4 时以后喷药，喷药后 4h 遇雨，应补喷。三是科学选用农药品种。选用的农药品种要标靶性强，用药量要准确，不能任意加大和减少用药量。轮换交替用药，避免害虫产生抗药性。在水稻的 1 个生长周期，1 种农药只允许使用 1 次。四是兑水量要足。水稻生长中后期，叶片宽大，植株茂密，兑水量应在 $750 \sim 900kg/hm^2$ 才能满足全田均匀喷雾，同时在喷雾时注意兼顾水稻中下部叶片。

十八、稻绿蝽

稻绿蝽又叫稻青蝽。稻绿蝽属半翅目、蝽科。中国甜橘产区均有发生。除了为害柑橘外，还为害水稻、玉米、花生、棉花、豆类、十字花科蔬菜、油菜、芝麻、茄子、辣椒、马铃薯、桃、李、梨、苹果等。以成虫、若虫为害烟株，刺吸顶部嫩叶、嫩茎等汁液，常在叶片被刺吸部位先出现水渍状萎蔫，随后干枯。严重时上部叶片或烟株顶梢萎蔫。

（一）发生特点

稻绿蝽在浙江地区每年发生 1 代，在湖北江汉平原地区每年发生 2 ～ 3 代，在广东地区每年发生 3 ～ 4 代。主要以成虫在房屋瓦下及田间土隙和枯枝落叶下越冬。第二年 3、4 月，越冬成虫陆续飞出，在附近的早稻、玉米、花生、豆类、芝麻等作物上产卵，第一代若虫在这些作物上为害。当水稻抽穗扬花至乳熟时期，第一代成虫和第二代若虫集中为害稻穗。水稻黄熟以后，又转移到花生、芝麻等作物上继续为害。

稻绿蝽食性虽杂，但喜集于作物开花和结实初期危害，成虫多在白天交配，晚间产卵，卵多产于叶背。齐整地排列成 2 ～ 6 行，一行卵块共有卵 30 ～ 70 粒，若虫孵化后，先群集于卵壳附近，到 2 龄后逐渐分散，除阳光强烈、气温高时移至稻株基部外，均集中为害作物的穗部。

稻绿蝽的初孵若虫群集于卵壳上，不食不动，2 龄开始取食，群集为害，3 龄开始分散为害，具假死性。

（二）危害特征

稻绿蝽在全国各稻区均有分布。水稻受稻绿蝽危害后，一般减产 10% 以上，严重时减产达 70%。除水稻外，还可为害小麦、油菜、高粱、玉米、芝麻、马铃薯、豆类、棉花、柑橘及多种蔬菜。当水稻抽穗后，稻绿蝽成虫、若虫群集在穗部，刺伤花器或吸食谷粒浆液，造成空粒或秕粒，严重危害时，空粒率达 10% 以上。

（三）防治措施

冬春期间清除田边附近杂草，有利于减少第二年的虫源。

当稻绿蝽数量多，特别是在水稻扬花后稻绿蝽从其他作物转移到稻田为害时，施药防治。

药剂可用：90% 敌百虫厚药 600 ～ 800 倍液，或 2.5% 溴氰菊酯乳油 2 000 倍液，或 20% 氰戊菊酯乳油 2 000 倍液，或 10% 吡虫啉可湿性粉剂 1 500 倍液。

第七章　水稻草害防控技术

　　水稻草害的防控是一项系统性的工作，不管是在早中晚稻、双季稻、再生稻，还是在移栽、机插或者直播稻，水稻田除草都是以耕作配合除草，单一的杂草防除都不会有理想的效果。其中，土地平整是最重要的除草条件，其次是水分管理。无论是什么杂草均以封闭除草为主，茎叶处理为辅。如果地不平，那么就会造成水层分布不均，以至于药物在田间的封闭浓度各点不均匀，达不到预期的效果。因此，除草的关键不在于药物，而在于田间作业质量。正确的田间作业方法，会使药物均匀地分布在土表的各个位置，达到对杂草的防除效果。

　　水稻田主要杂草有禾本科杂草，稗草、假稻、千金子、双穗雀稗、蚵子草等；阔叶杂草，鸭舌草、雨久花、鳢肠、水苋菜、矮慈姑、喜旱莲子草、水竹叶、丁香蓼、节节菜、合萌、浮萍、陌上菜等；莎草科杂草，异型莎草、碎米莎草、野荸荠、水虱草、水莎草等。对于杂草，总的防控原则是贯彻执行"预防为主，综合防治"的植保方针，树立"绿色植保、科学植保、公共植保"理念。按照"综合防控、治早治小、减量增效"的原则；以农业防治为基础，化学除草为重要手段，实现水直播稻田杂草绿色可持续防治的目标。本章节围绕育秧移栽水田、直播稻田、杂草稻以及其他几种常见杂草的防控方法进行了总结和归纳，以期为水稻草害防控提供参考。

一、育秧移栽水稻田杂草防除

（一）秧田杂草防除

播种后出苗前，每亩用 60% 丁草胺乳油 100mL，加水 50kg 在土壤表层均匀喷雾，进行土壤封闭处理。在秧苗 2 叶 1 心期，稗草 2～5 叶期，每亩秧田用 30% 二氯喹啉酸可湿性粉剂 35g，加水 50kg 均匀喷雾，进行苗期茎叶处理，施药后注意保持床面湿润。

（二）大田杂草防除

在水稻移栽后 4～6d，先向稻田中灌水 3～5cm 深，注意不要使水淹没水稻心叶，然后每亩用 60% 丁草胺乳油 100mL，拌毒土 20kg 在稻田中均匀撒施，施药后，保持 3～5cm 深的水层 5d 左右，可以有效防除稗草和莎草科杂草。

在水稻拔节期先向稻田灌水 3～5cm 深，然后每亩用 20% 乙·苄可湿性粉剂 30g 或 14% 稻草畏可湿性粉剂 40～50g 拌细潮土 20kg，在露水干后均匀撒施到水稻田中，并保持水层 5d 左右。可以兼防稗草、莎草科杂草、阔叶类杂草等多种杂草。

二、直播稻田杂草防除

直播水稻是近几年发展非常快的轻简技术之一，虽然这一技术具有很多优点，但还存在杂草多、杂稻和倒伏等缺点。直播稻田杂草和水稻同步生长，发生期长，加上水稻播种后干湿交替，十分有利于旱生和湿生等多种杂草的生长，因此，杂草种类多，除草难度大，技术要求高。只有根据直播稻田杂草的发生规律，选用对路药剂，掌握施药技术，才能安全、有效地防除直播稻田中的杂草。

（一）物理防治

在进水口安置尼龙纱网拦截杂草种子；田间灌水至水层 10～15cm，待杂草种子聚集到田角后捞取水面漂浮的种子，减少土壤杂草种子数量。

（二）农业防治

1. 选种良种
宜选用早生快发、抗倒伏的品种。

2. 精选种子

采取过筛、风扬、水选等措施，淘出霉变、破损、空瘪的稻种和小粒杂草种子。

3. 合理密植

杂交稻种子按 1.5 ～ 2kg/ 亩，常规稻种子按 3 ～ 4kg/ 亩播种。

4. 控水压草

播种后 2 ～ 5d 用药封闭，保持田间湿润，封闭后 1d 至 3 叶 1 心期不上水或者保持 1cm 左右水层，3 叶 1 心期施用除草剂 1d 后保持 2cm 左右水层，6 叶 1 心期至分蘖盛期保持 3cm 左右水层。

5. 翻耕除草

绿肥茬口或休耕田，在水稻播种前 1 个月左右深翻、上水泡田，并保持土壤干湿交替，诱使田间杂草种子萌发。杂草出苗后，于水稻种植前采用机械翻耕，灭除已出苗的杂草。

6. 人工除草

在水稻生长中后期，人工拔除田间残留杂草；用人工或机械清除田边沟渠生长的杂草。

（三）生物防治

在水稻定植后至抽穗前，通过人工放鸭、养鱼等取食杂草籽实和幼芽等措施，减少杂草的发生基数。

（四）化学防治

目前，直播稻田化学除草已经形成了"一封、二杀、三补"的技术体系。

1. "一封"

在水稻播种后出苗前灌一次透水，等水自然落干后进行第一次化学除草。可以选择 42% 丁·噁乳油 120 ～ 150mL 或 40% 丙·苄 80 ～ 120g，兑水 40 ～ 50kg 在土壤表层均匀喷雾，能够有效地控制第一个出草高峰的发生。

2. "二杀"

由于直播稻田杂草量大，出草期长，通常一次防除不能控制全部杂草。因此要做好中期水稻田杂草的防除工作。应针对杂草的种类，对症下药。防除千金子每亩可使用 10% 氰氟草酯乳油 60～80mL，兑水 50kg 进行茎叶喷雾处理；防除稗草、马唐等杂草，可以先排干田间积水，然后每亩用 50% 二氯喹啉酸可湿性粉剂 40～50g，拌毒土 15～20kg 均匀撒施到田间。

3. "三补"

在直播水稻生长后期，阔叶杂草和莎草科杂草危害比较严重。可以在水稻拔节前，往田间灌上 3～5cm 深的水层，每亩用 10% 苄嘧磺隆可湿性粉剂 30g，加 20% 二甲四氯 150mL，兑水 30kg 均匀喷雾，施药后保持水层 4～5d。

（五）直播稻倒伏的形成及防控

直播水稻没有经过移栽的环节，所以水稻的根系浅，根系都集中在土壤表面 6～8cm，加之直播水稻播种量大，分蘖明显优于移栽稻田，基本苗基数大，田间通风透光性较差，容易造成直播水稻基部 1～2 个节间长而细，且病害重，致使水稻孕穗灌浆期出现倒伏现象。还有就是农户施肥习惯是氮多，磷、钾肥施得少，直播水稻节间长、叶大、水稻基部韧性差，后期贪青晚熟也造成倒伏的隐患。解决的办法，一是严格控制种子用量，大田的基本苗在 18 万～24 万穴；二是种子拌 10% 多效唑，按照 1kg 种子拌 2～3g 多效唑，控制直播水稻的高度 10cm 左右，缩短直播稻节间距，提高直播水稻基部的韧性；三是严控氮肥增施磷钾，在常年施肥水平的基础上减少 15% 的氮肥，增加 10% 磷和钾肥。

三、杂草稻

杂草稻指的是具有杂草特性的水稻，又称野稻、杂稻，其外部形态和水稻极为相似，但在田间具有更旺盛的生长能力，植株一般比较高大。与其他杂草相比，杂草稻野性十足，比栽培稻早发芽、早分蘖、早抽穗、早成熟，而且杂草稻落粒性强，边成熟边落粒，极难彻底清除，目前缺乏特效的防治药剂。杂草稻的危害程度正在逐年上升，形势严峻。

对于杂草稻的防控，主要围绕农业和物理防治，化学措施作为重要手段，辅以人工防除措施。具体而言，防治策略分为堵源防治、截流防治和竭库防治 3 个主要环节，以杜绝传播源、截断传播途径、降低杂草稻在田间的基数，实现杂草稻的有效防控。堵源防治主要针对杂草稻的种子来源进行控制。首先，在种子选择方面，除了要严格把关常规种子的质量标准外，还应增加杂草稻种子检测率，直接弃用掉比例超过万分之五的种子，并在万分之二至万分之五的比例范围内再次进行精选。其次，在繁制种田块的选择上，应尽可能选择往年轻轻或无杂草稻发生的田块，并彻底除尽田内和田边的杂草稻，并统一堆放。另外，还要严格清理农机，防止杂草稻种子随机械传播。截流防治注重在田间适时进行有效的灭草工作，目的是降低田间杂草稻种子的基数。具体做法包括养草灭草和深水处理。在休闲田、绿肥田和冬翻田上，可以通过深水处理来消灭杂草稻种子。首先，将田地在适宜的时机进行深水灌溉，将土壤表面残留的杂草稻种子淹没。其次，保持田间湿润状态，诱导杂草稻种子萌发。一定时间后再进行翻耕，彻底消灭已经出苗的杂草稻。对于基数较重的田块，可以在诱发出苗期间增加旋耕灭草，进一步降低杂草稻的基数。随后，根据需要进行养草灭草和整地插播，辅以化学防除措施。竭库防治主要针对耕整地质量进行加强，力争将同一块田块的高低落差控制在 5cm 以内，为后期的药剂封闭处理和肥水管理提供良好的基础保障。对于机播稻田块，还要注意浅水勤灌和早期的管理措施。总之，通过堵源防治、截流防治和竭库防治 3 个环节的综合实施，可以有效地进行杂草稻的防控工作。

（一）加强种子精选

加强对杂草稻种子的检测，严格把控种子的质量。对于超过万分之五的杂草稻种子，直接弃用；对于万分之二至万分之五之间的比例，则进行再次精选；只控制在万分之二以下。此外，还要选择往年无或轻微杂草稻发生的田块作为繁制种田块，并彻底除尽田内和田边的杂草稻，并进行统一堆放。此外，在繁制种田块前要彻底清理农机，以防止杂草稻种子通过农机从业时传播。

（二）推进养草灭草

根据水稻的适时播栽期技术要求，以"不误农时，应推尽推、随耕随播栽"的原则，全面推进养草灭草技术，降低田间杂草稻种子的基数。具体做法是，在休闲田、绿肥田和冬翻田上，在适宜的时间进行深水处理，将土壤表面残留的杂草稻种子淹没，并保持田间湿润状态，诱导杂草稻种子萌发。一定时间后进行翻耕，彻底消灭已经出苗的杂草稻。对于基数较重的田块，可以在诱发出苗期间增加旋耕灭草，进一步降低杂草稻的基数。随后根据需要进行养草灭草和整地插播，并辅以化学防除措施。

（三）强化耕整地质量

在稻田的耕整地过程中，应严格按照稻田耕整地质量要求进行作业，采用"一耕一耙"或"二耕一耙"的机械作业模式，实施精细化机械操作，将同一块田块的高低落差控制在 5cm 以内。这样可以为后期的药剂封闭处理和肥水管理提供良好的基础保障。

（四）综合施用化学防控措施

在堵源防治和截流防治的基础上，可以适当使用化学防治手段进行辅助防控。根据杂草稻的生长周期和防草期，选择适宜的草甘膦、草铵膦、绿肥灭草剂等药剂，进行喷施。喷施前要确保药剂的质量和使用剂量，遵守药剂的使用说明，注意保护作物和环境，避免造成二次污染。

（五）加强监测和预警

建立完善的杂草稻监测和预警体系，提前掌握杂草稻的发生情况和分布趋势。通过人工巡视、遥感技术、图像识别等手段，及时发现杂草稻的症状和分布，以便及时采取防控措施。同时，要加强科研力量，深入研究杂草稻的生物学特性和抗性，为杂草稻的防控提供科学依据。

（六）加强宣传与培训

加强对农民的宣传教育和技术培训，提高农民的防治意识和技术水平。通过农技推广站、农民培训班等途径，向农民普及杂草稻的危害性、防控技术等知识，引导农民正确使用农药，合理施肥，科学管理田块，做好农田环境保护工作。

四、稻稗及变异稻稗

一年生草本，水稻的伴生植物，其根系发达、喜水喜肥、密蘖型分蘖，叶片垂直生长、叶鞘呈青绿色、种子较大。无论其幼苗、成株，还是种子都能与水稻相混杂，长期危害水稻，是水稻田中较为严重的害草。该杂草的防除主要采取农艺措施和化学除草相结合的方法。

（一）农业防治

一是建立地平沟畅、保水性好、灌溉自如的水稻生产环境；二是结合种子处理清除杂草的种子，并结合耕翻、整地，消灭土表的杂草种子；三是实行定期的水旱轮作，减少杂草的发生；四是提高播种的质量，一播全苗，以苗压草。

（二）化学防治

多数地方采用一次性封杀。移栽田可用以下方法：50% 丙草胺乳油，插前施用量 $1\,200 \sim 1\,500 \mathrm{mL/hm}^2$，插秧后可用 $1\,000 \mathrm{mL/hm}^2$，施药后保水 $5 \sim 7\mathrm{d}$，毒土或毒肥法；60% 丁草胺乳油，插秧前施用 $1\,500 \sim 2\,000 \mathrm{mL/hm}^2$，毒土毒肥法，施后保水，$7 \sim 10\mathrm{d}$ 以上再插秧；50% 二氯喹啉酸可湿性粉剂，插前插后均可施用，毒土法施药效果最佳，可防治 3.5 叶以下稻稗及 3 叶以下变异稻稗，用量 $1\,200 \sim 1\,300 \mathrm{g/hm}^2$，施药后保水 $3 \sim 5\mathrm{cm}$，$5 \sim 7\mathrm{d}$，水层过深影响药效发挥。埂上抛大颗粒漂浮剂（丙草胺 15%+ 吡嘧磺隆 1.5%），插秧前施用量 $3\,500 \sim 4\,500 \mathrm{g/hm}^2$，插秧后施用量 $3\,750 \mathrm{g/hm}^2$，如果补水不好的地块可以增加到 $4\,500 \mathrm{g/hm}^2$，田间 $3 \sim 5\mathrm{cm}$ 水层时，在田埂上抛施，施后保持水层，缺水补水。可同时兼治泽泻、野慈姑、萤蔺等杂草。

直播田，可在播种（催芽）后 $1 \sim 3\mathrm{d}$ 内，亩用 40% "直播青" 可湿性粉剂 60g，兑水 $40 \sim 50\mathrm{kg}$，均匀喷雾，施药时田板保持湿润。3d 后恢复正常灌水和田间管理。通过化除后，如果后期仍有一定量的杂草，可采取针对法进行补除。如以稗草、千金子为主的田块，在杂草 $3 \sim 5$ 叶期，可用 10% 千金乳剂 50mL 加水 30kg，用针对法进行茎叶喷雾。用药前一天田间必须放干水，药后 2d 再恢复正常管理。如以莎草、阔叶杂草为主的田块，在播后 30d 左右，亩用 10% 水性可湿性粉剂 20g 加 20% 二甲四氯水剂 150mL 混用，兑水 30kg 针对法喷雾。水浆管理同上。如田间各种杂草共生，可用 48% 苯达松水剂 75 ～ 100mL 加 20% 二甲四氯水剂 150mL 混用，采用针对法喷雾。

茎叶处理：土壤封闭由于温度偏低或土地平整不好，会使稻稗或变异稻稗出土，如果在 1 叶 1 心之内，可用二次封闭除草，草龄超过 1 叶 1 心就要进行茎叶喷雾处理，在喷雾时一定要保证每公顷 200 ～ 225L 水，加入有机硅或功效相近的助剂，在早晚有露水时喷雾效果好。喷雾前要降低田间水位，以保证杂草完全露出水面。

五、马　唐

马唐是旱地作物上的恶性杂草之一，水稻旱直播由于前期是旱播旱管，有利于马唐生长，随着旱直播面积的扩大和种植年限的增加，马唐越来越难防控。马唐有多种，普通马唐、毛马唐、止血马唐、升马唐，不同地区发生数量、抗性程度有差异，防治效果与天气、使用方法、抗药性等因素密切相关。

一般杂草在草小时对除草剂较为敏感，所以防除马唐在 3 叶前更容易防除。马唐防除的关键是重视封闭，旱直播后及时使用丁草胺、仲丁灵、丁草胺·噁草酮、二甲戊灵·噁草酮等药剂进行封闭处理，注意盖籽、适墒（过旱灌水湿润土壤）后打封闭，有利于降低马唐、稗草、千金子等禾本科杂草的出苗基数，减轻后面茎叶除草的压力。

根据前期封闭效果及田间马唐发生情况，合理选择药剂。噁唑酰草胺配氰氟草酯是目前除稗草、马唐、千金子的主流配方，打早打小，及时回水对马唐有很好的防除效果，水层能很好地控制马唐反弹，因为马唐偏旱生，有水生长受抑制，有水层也会降低马唐出苗。目前已有对氰氟草酯、噁唑酰草胺产生抗药性的马唐，打早打小仍有效果，打晚了可能出现失防。

由于马唐耐药性逐年上升，旱直播稻无法及时回水，可选用敌稗及敌稗复配的药剂，如三补星——敌稗、氰氟草酯和莎稗磷的混配制剂，可以有效防除水稻田抗性稗草、千金子、马唐、碎米知风草等一年生禾本科杂草，适用于后期补打，效果优异，是防除抗性杂草的最后一道防线。使用三补星等敌稗组合除草的关键是打湿打透，务必喷匀喷透，不重喷漏喷，在温度较高（30～35℃）时施用效果好，注意晴天傍晚打药，打药后 1～2d 回水有利于提高防除效果，药后一天杂草叶片发黄，3～4d 能干枯。若田间马唐多、草龄大，适当增加用药量和用水量，如三补星一套打七八分地，保证杂草单株有较充足的着药量，提高防除效果。

打茎叶除草剂时可以加入浸透等农用助剂，有助于增强渗透黏附性能，可显著提高对马唐、稗草、千金子等杂草的防效。

第八章　水稻防灾减灾技术

随着全球气候变暖，干旱、涝害、冷害和热害等极端天气出现的频率越来越高，灾害性天气持续的时间越来越长，对水稻生产造成的年损失在10%～30%。因此，开展水稻防灾（非生物逆境灾害）减灾技术创新，对于实现水稻稳产高产，保障我国粮食安全有着极其重要的意义。

一、水稻干旱防灾减灾

旱灾是指水稻生长期间，由于水分来源断绝，稻田缺水受旱所致造成的气象灾害，该灾害一般与高温天气伴生。从水稻的生长季节（3—10月）都可能发生，尤以夏秋旱为主，此期正是早稻的后期、中稻的全生育期、晚稻的前期。

防御旱灾，主要有四条途径：一是适时增加土壤水分，从根本上防止旱害的发生；二是减少土壤蒸发，实行节水栽培，减轻或避免干旱危害；三是增强稻株自身抗旱性，减轻危害；四是根据水稻对水分的需求特性，实行节水栽培，优先满足敏感期的水分供应。在生产实践中，应采取综合措施才能收到显著成效。

（一）整修水利，合理布局

大力修整水利，扩大农田灌溉面积，是防止干旱的根本办法。缺水易旱地区，需要根据当地的水资源和灌溉条件，合理规划水稻布局，合理种稻。

（二）选用耐旱品种

不同水稻品种对干旱的抗耐力差异明显。凡是根系发达，叶面茸毛多，气孔小而密，叶内细胞液浓度高，细胞渗透压高的品种比较耐旱。据观察，一般籼稻比粳稻品种抗旱；水稻杂交育成的品种和籼、粳稻杂交育成的品种有良好的抗旱性；目前种植的常规稻黄科占 8 号、隆稻 3 号，比常规稻黄华占耐旱，节优 804 比一般杂交稻耐旱。抗（耐）旱强的水稻品种，遇水后稻株生长的恢复力较强。

（三）培育耐旱性较强的秧苗

在干旱地区，必须培育适应干旱环境的壮秧。首先，在育秧方式上，要采用旱育秧，且整个育秧期均坚持旱育旱管。旱育的秧比水秧田的秧苗耐旱性强。因为旱秧是在低水分的环境下育成的，具有发根能力强，根系发达，叶片厚硬等耐旱性能，不仅在秧田期可以节约用水，而且插秧后返青活棵快，"爆发力"强；其次要适当稀播，培育壮秧，稀播壮秧比密播瘦秧的发根力旺盛，耐旱力强。

此外在干旱地区，可以根据当地雨季到来迟早，进行分期播种，分期育秧和移栽，保证有水栽秧。

（四）抗旱栽秧

插秧时如遇大田缺水，可采用全旱整地、节水栽秧、插"跑马秧"和寄秧的办法。

1. 全旱整地

传统的灌水泡田，水耕水整地的做法耗水量太多，从节水和轻简化栽培角度出发，采取少耕免耕、旋耕、全旱整地的做法，可以大量节省耕整地用水，这对缓解栽秧期供水紧张具有重要作用。全旱整地技术的普遍做法是：旱旋耕为主，机械深耕翻地一般每 3 年轮一次。采取旱旋耕、旱耕地、旱平整等全旱作业，田间平整度要求高低差不过寸。

2. 节水栽秧

普通做法是过水插秧，即在全旱平整地的基础上，采取边灌水、边拉板整平、边插秧的"三边"作业。插秧方法一般是人工手插，亦可机插，或者抛秧等均可。插"跑马秧"，采用先灌水泡田，随即进行耕、耙，接着进行插秧。插完一块田后，将水放到另一块田里，照样进行整地插秧。这个办法，只要在插秧后 3～4d 稍有水分，秧苗即可成活，且用水量也可以大大节省。

3. 寄秧

如秧龄已足，遭遇干旱不能及时插秧的，为防止秧苗老化拔节，可以把秧苗拔起暂时寄存在有水的田里，等到大田有水时再正式插秧，这样可使大田插秧期延迟 20d 左右。如果寄秧迟到秧苗已经拔节，幼穗开始分化才有水插秧的话，可以采取割秧苗后插秧，蓄养老秧再生稻的办法予以补救。

（五）大田期抗旱措施

1. 增施有机肥，合理经济施肥

大量增施有机肥，改良土壤结构，增强土壤的蓄水保水能力。在节水栽培条件下，田间经常处于无水状态，表面撒施肥料容易分解和挥发，造成肥料的极大浪费和肥害。为此需要按照水稻需肥规律和特点，坚持平衡施肥、平稳促进、全面深施与灵活调节的原则。推行基肥全层施肥技术，追肥"以水带肥"方法，施肥与灌水相结合，施用长效肥料，缺硅土壤增施含硅复合肥。

2. 及时中耕除草

天旱时，如土壤尚未完全干燥，就要抓紧中耕除草，这样既有利于水稻根系发育，增强水稻的耐旱力，又可以防止田间杂草与水稻争夺水分和养料。

3. 化学节水及化学调控

化学节水和化学调控技术针对性强，在干旱缺水条件下予以应用，具有见效快、使用简单、成本低等特点。化学节水剂及化学调控剂种类很多，生产实践中可以根据需要和试验示范效果选择相应的产品使用。

4. 覆盖秸壳

就是利用油菜籽秸壳、青草、树叶等，均匀地铺在稻行间，每亩大约需要 250kg，结合施用适量石灰以促进腐烂。这样既可以减少稻丛间的水分蒸发，保持土壤湿润，又可以供给稻苗一部分的养分，抑制杂草生长。

二、水稻冷害防灾减灾

双季早稻和晚稻的障碍型低温冷害为"五月寒"和"寒露风"，迟熟中稻在抽穗扬花、乳熟期也可能遭受低温冷害而使结实率下降。受全球气候变化的影响。2000—2006年，江汉平原就发生了4年（次）中稻抽穗扬花期遭遇日平均温度连续3d或以上低于23℃的低温冷害，造成颖花不育率增加、结实率降低、千粒重下降。此外，中稻蓄留再生稻低温冷害的时空分布仍不清楚，这将增加再生稻安全生产的风险。应对水稻低温冷害，主要应从品种改良及栽培技术两方面进行创新。

（一）耐低温品种的培育

加强 *OsbZIP73*、*HAN1*、*OsbZIP71*、*COLD1* 等抗寒基因种质资源的挖掘，培育耐低温的水稻品种。

（二）栽培技术措施

从播期调整、水分管理和养分管理方面进行技术优化，需要根据当地的气候规律和水稻品种特性来确定安全播种期和安全齐穗期。早稻播种期适宜安排在日平均气温稳定通过10～12℃，以利于防损种烂秧；还应考虑秧苗移栽时，日平均气温能达到根系生长起点温度15℃以上，以利于及早返青；还要考虑在花粉母细胞减数分裂期，不遭遇日平均气温连续3d或以上低于22℃以下的低温冷害，以免引起部分花粉不育，导致空壳率增高而产量下降。同时，要创新水肥管理技术，提高水稻抗低温能力，减少低温对水稻生长的影响。

三、水稻高温防灾减灾

7月下旬至8月上旬是作为一年中气温最高的季节，经常出现连续日平均气温≥30℃，日最高气温≥35℃的高温天气，同时，极端最高气温可达38℃以上，相对湿度在70%以下，对水稻生产造成严重影响，尤其是对水稻最敏感的抽穗扬花期为害最重，轻则减产，重则绝收。在水稻生产上应对高温热害，可采取的防灾减灾措施有以下几个方面。

（一）适期播种，避开炎热高温

要将一季中稻的最佳抽穗扬花期安排在 8 月中旬，以有效地避开 7 月下旬至 8 月上旬存在的常发性的高温伏旱天气。以此为依据，再根据茬口、品种的类型和生育期安排播种期。根据品种类型的不同，一般早熟中稻品种如黄科占 8 号、隆稻 3 号等可在 5 月底 6 月初播种，中迟熟一季中稻如节优 804、广两优 15 等应在 5 月中旬播种，秧龄 30d 左右。对于丘陵易旱地区和山区积温较低地区可以适当提早。

（二）选用耐热性强的品种，合理布局

根据往年水稻品种遇严重高温热害年份时的大田表现，加强耐热性强的品种筛选，如常规稻黄科占 8 号、隆稻 3 号、节优 804、汕优 63 等。

（三）科学施肥和水管，增强稻株抗高温能力

随着稻田供肥水平和水浆管理方式的不同，水稻个体的长相和群体结构亦不同，对高温的适应能力也随之发生变化。施用 $N：P_2O_5：K_2O$ 比例为 1：(1.13 ～ 2.27)：(1 ～ 3) 能明显提高水稻抗高温热能力。因此，调整水稻后期追肥，提高施肥比例中 $P_2O_5：K_2O$ 是有效的抗热害措施。

（四）及时采取应急措施，减轻损失

灌深水调温。对正处于孕穗至抽穗扬花期的水稻，在高温条件下，及时灌深水降温是保护水稻免受高温伤害最直接、最有效的方法。田间保持 5 ～ 10cm 水层，可有效降低穗层温度和增加田间湿度。有条件的地方采用活水套灌或日灌夜排，不仅起到降温效果，还可以改善稻田小气候，促进根系健壮生长，增强植株抗高温的能力。

喷施叶面肥。对正在抽穗扬花的稻田，为减轻高温热害，在保证田间有水的情况下，可于傍晚根外喷施 3% 过磷酸钙溶液或 0.2% 磷酸二氢钾溶液，外加叶面营养肥，以增强水稻植株对高温的抗性，提高结实率和千粒重。

追施保花肥。对处在孕穗 4 ～ 6 期叶色明显落黄的田块，灌水后每亩可追施尿素 10 ～ 15kg；对前期氮肥充足、叶色浓绿的田块，可每亩追施速效钾

肥 5～10kg。

对孕穗期受热害较轻的田块，于破口期前补追一次粒肥，一般亩施尿素 3～5kg，使植株恢复正常灌浆结实。

（五）防治病虫害

要加强病虫害的检测和预测预报，及时做好稻纵卷叶螟、稻飞虱、纹枯病、稻曲病等病虫害防治工作，促进水稻健壮生长，增强植株抗逆能力。喷药时一定要避开高温时段，于傍晚和上午 9 时前喷药，防止中暑；同时要加大用水量，可与叶面肥混喷，减少用工。

（六）蓄养再生稻

对于在 8 月 20 日之前结实率 15% 以下几乎绝收的田块，可因地制宜及早割去空穗，留高桩蓄养再生稻。每亩追施尿素 10kg，加强水肥管理和病虫害防治，促再生芽萌发，管理得当可获 300kg 以上产量。

（七）强化后期管理

普遍受害但未绝收的田块要切实加强后期田间管理。坚持浅水湿润灌溉，防止秋旱使灾害进一步加剧。后期切忌断水过早，以收割前 7～10d 断水为宜。因受灾田块籽粒的成熟度差异大，要根据田间大多数稻粒的成熟度适期收割。

四、水稻涝渍防灾减灾

梅雨期间，我国南方稻区易遭遇大到暴雨天气的持续袭击，引发阶段性洪涝灾害。应对洪涝灾害，目前采取的抗灾减灾技术主要有以下几点。

（一）治水和防汛，减轻滞水影响

大力兴修水利，修建防洪工程，迅速提高农田的抗涝能力，这是防止涝害的根本措施。在汛期，做好一切防汛准备，及时加固和加高围堤，根据水情有计划地进行分洪。内涝及时排出。

1. 尽早排水抢救

涝后应立即组织人力，集中一切排水设备，进行排水抢救。先排高田，争取让苗尖及早露出水面，就可减少受淹天数，减轻损失。但在排水时应注意，在高温烈日期间，不能一次性将水排干，必须保留适当水层，使稻苗逐渐恢复生机，否则如一次性排干，因稻田长期浸在水里，生命力弱，茎叶柔软，遇晴天烈日容易枯萎，反而加重损失；但在阴雨天，可将水一次性排干，有利于秧苗恢复生长。如稻苗受淹后，披叶很少，植株生长尚健壮，田面浮泥较多，也可排干搁田，以防翻根倒伏。

2. 打捞漂浮物，洗苗扶理

受涝秧苗在退水时，要随退水捞去漂浮物，可减少稻苗压伤和苗叶腐烂现象。同时在退水刚落苗尖时，要进行洗苗，可用竹竿来回振荡，洗去沾污茎叶的泥沙，对稻苗恢复生机效果良好。一般在水质混浊、泥沙多的地区，容易积沙压伤秧苗，若秧苗处于分蘖期和幼穗分化前期，可随退水方向泼水洗苗扶理，结合清除烂叶、黄叶，有较好的效果。对倒伏的稻株，尽量扶正，能扶尽扶。

大水退后，及时在田间四周开好排水沟，特别是低洼田一定要开沟排水，促进根系恢复生长，既保持稻株需水又保证土壤通气。

（二）选用耐涝性强的品种

不同品种间耐涝性强弱不同。要注意选用根系发达，茎秆强韧，株型紧凑的品种，这类品种耐涝性强，涝后恢复生长快，再生能力强。在相同的淹水条件下，粳稻损失最重，糯稻次之，籼稻较轻。在选用耐涝品种的同时，还应根据当地洪涝可能出现的时期、程度，选用早、中、迟熟品种合理搭配，防止品种单一化而招致全面损失。

（三）科学田间管理

水稻受涝后，在灾前生长是否健壮，对灾后恢复生机和减少产量损失的影响很大。故应在培育壮秧的基础上，促使秧苗早发和健壮生长，使植株本身积累较多的养分，可显著提高水稻的耐涝能力。

发生受灾早稻处于抽穗灌浆期，正是产量形成的关键期。针对后期可能出现大风、强降雨等不利天气，提前清理田间"三沟"和田外沟渠，确保强降水天气能够排水顺畅，根据天气和成熟情况，抢晴收割，防止穗上发芽造成产量损失。发生受灾的中稻大部分正处于返青分蘖期，即将进入分蘖盛期，根据天气及早排水，雨后及时清洗秧苗，恢复叶片功能，可追施叶面肥和速效化肥，及时补充养分，增强秧苗活力和抗逆性。对于晚稻，根据早稻成熟收获时间，合理安排播种育秧期。育秧碰到洪涝灾害时，在抢排积水时要适当保持浅水层，防止雨后升温过快造成青枯死苗。为避免因早稻受淹收获腾茬推迟，晚稻秧龄过长、叶片徒长，可适时喷施多效唑控苗促壮，早稻收获后，抢时栽插。

（四）强化病虫防治，做好灾后补救

轻露田，补施肥料。排水后稻苗恢复生机，即进行一次轻露田，以增强土壤透气性和根系活力，轻露田后结合灌浅水补追一次速效肥料。一般处于分蘖期的每亩可追施尿素 5.0kg、氯化钾 5.0kg，以促进幼穗分化，壮秆大穗。若处于孕穗期，则应在破口期 3～5d，每亩补施尿素 2.5kg。抽穗后进行 1～2 次根外喷施磷钾肥等叶面肥。后期坚持浅水湿润灌溉，以保持根系活力，活熟到老，提高结实率和千粒重，从而弥补因涝灾造成的有效穗不足和穗粒数减少的损失。

大水浸过的稻田，易发白叶枯病、纹枯病，退水后要及时防治，防止"灾后灾"。晚稻秧苗要注意防治苗瘟病。密切关注强降雨带来的"两迁"害虫对中稻、晚稻的危害情况，及时防控，及时补种改种。晚稻秧苗损毁较多的地方，积极组织调剂秧苗，若秧苗不足，及时翻耕整田，采用早稻品种"翻秋"直播。退水后的中稻田，若早晨植株叶片有"吐水"现象，根部有白根发生，表明植株仍有生机，可养根保叶，恢复生长；若植株叶片确已"淹死"而失去功能，但根系仍有活力，可及时割苗蓄留稻桩作再生稻；对淹水绝收的可赶在 7 月 25 日前早翻秋；7 月 25 日后因灾绝收的田块，可选择适宜的旱作品种实行"水改旱"，如生育期短的玉米、绿豆、红薯、荞麦等秋杂粮，或者萝卜等蔬菜品种。

五、水稻收储减损技术

南方大部分稻区是雨热同季，且雨季与水稻收获期重叠，不利于稻谷干燥储存。传统的稻谷干燥大多为晒场晾晒，天气的好坏会直接影响稻谷的干燥。此外，一些中小型农场和粮站，由于入仓粮食含水率高，粮食霉变的现象时有发生。现阶段，农村大部分地区存在着粮食烘干能力不足、粮食烘干中心（烘干点）分布不平衡、现有粮食烘干设备产能低和储粮设施简陋等方面的问题，迫切需要加强水稻收储减损技术的应用和推广。

（一）机收减损技术

长期以来，水稻成熟后都是以人工收割和人工脱粒为主，损失非常小，收获环节的损失很难被重视。但是，随着水稻收割的机械化程度越来越高，农机收获过程中收割、脱粒、清选都会产生损耗，其损失也越来越受到重视。目前，要在以下几个方面进行研究，获取相关技术参数。

1. 适期收获

根据水稻生长发育状况和天气情况合理选择收获期，收获过早，籽粒成熟度不够，灌浆不饱满，影响产量。收获期过晚，不仅会导致机收落粒严重、增加损失，而且收获过晚还易遭遇连绵秋雨，引起穗发芽造成严重减产。因此，水稻收获时若遇自然灾害等特殊情况，可适当提前收获。

2. 选择机具

收获水稻时，一般选用全喂入履带式谷物联合收割机，优先采用大喂入量机型，提高作业效率和质量；收获倒伏或湿田中的水稻，应提前 2 ～ 3d 排干田中积水，收割时间最好选择晴天、空气干燥的时间段以减少损失，可选用半喂入履带式谷物联合收割机。

3. 运行速度

对于密度大、群体大、生物量大、产量高的田块或是田面不平整的田块，收获时运行速度要降低。

4. 收割高度

对于生物量大的田块，应适当增加留茬高度，避免秸秆过多导致清选过程中的损失加大。对于再生稻头季，可采用早低晚高的留茬高度，促进再生季产量形成。

5. 行走路线

收割过程中机器保持直线行走，避免边割边转弯，压倒部分谷物造成漏割，增加损失。尽量在机耕路上卸谷，减少反复掉头对稻田的影响，尤其是再生稻头季，应尽量避免多次碾压。

（二）稻谷干燥技术

稻谷收获后，及时晾晒、干燥，是减少产后损失的重要措施。湖北省应用较多的稻谷干燥技术与工艺主要有以下 3 种。

1. 自然干燥法

目前，大部分地区是以家庭为单位种植水稻，不具备使用现代干燥工艺的条件，多采用自然干燥法。这种干燥的方法较为节约能源，但是比较耗费人力，受气候条件的限制和影响较大。

2. 低温干燥和机械通风干燥工艺

就是在较低的热风温度下对稻谷进行干燥。采用此法稻谷爆腰率低，品质好，但干燥效率较低。

3. 烘干 – 缓苏干燥工艺

即在两次烘干过程中，使稻谷保湿一段时间，然后再次干燥。缓苏过程能使籽粒内部与表面的水分趋于一致，降低籽粒内部的水分梯度，减少由此产生的稻谷颗粒内部应力，减少稻谷爆腰率、减少能耗，但需要时间较长。

（三）稻谷储藏技术

应用较多的储藏技术包括常温储藏、气调储藏和低温储藏。

1. 常温储藏

常温储藏是目前储藏稻谷、糙米及大米等最常用的储藏方式。稻谷在常温条件下储藏时，其储藏品质、质量指标、加工品质、糊化特性及质构特性等都出现下降。储藏 14 个月后稻谷已经不再适合储藏，因此，常温储藏稻谷时，由于温度是随季节变化的，储藏周期不宜过长。

2. 气调储藏

气调储藏分为多种，其中最常见的气调储藏方法是真空储藏。真空储藏是利用压力抽干储藏室的空气，通过降低氧气含量来抑制或者降低谷物的呼吸作用，达到减少谷物损失、防霉、防虫、降低陈化速度、保持谷物品质的目的。与常温储藏相比，真空储藏的稻米其黏度值、脂肪酸含量及外观品质变化都较小，食用品质等都高于常规储藏。

3. 低温储藏

低温储藏是通过机械通风、空调调温，保持稻谷储藏温度低于15℃或者在15～20℃。大量研究表明，低温储藏时稻谷的陈化速率会降低、品质变化速度减缓，稻谷中脂肪酶的活性受到抑制，脂肪水解速度降低。低温储藏还能抑制微生物的繁殖生长速度，减少有毒代谢产物的生成。合理的低温储藏能够延缓稻谷品质下降，保证一定的发芽率。

主要参考文献

陈杰，华红霞，涂军明，等，2017. 水稻病虫害绿色防控技术研究［J］. 湖北
农业科学，56（22）：4307-4312.

邓海波，2020. 稻秆潜蝇的发生特点与防治分析［J］. 种子科技，38（15）：
85，88.

冯庆明，2012. 水稻主要病虫害发生特点及防控技术［J］. 现代农村科技
（11）：28.

顾希，刘昆，高捷，等，2022. 节水灌溉技术及其对水稻产量影响的研究进展
［J］. 杂交水稻，37（2）：7-13.

郭秀英，袁亮，2013. 稻蓟马的识别与综合防治［J］. 农技服务，30（6）：
577.

何剑，李永平，邵军，等，2016. 汉中稻区稻管蓟马的发生与综合防控［J］.
现代农业科技（14）：124，128.

何亚荣，耿文良，2011. 北方稻区节水种稻栽培技术初探［J］. 农业科技通讯
（11）：98-100.

湖北省农业农村厅，2021—2023. 湖北省农业主推技术指南.

姜巍，隋文志，2017. 水稻主要害虫识别与防治［J］. 吉林农业（3）：81-82.

孔令和，陈亮，2008. 中华稻蝗生物学特性及其综合防治技术［J］. 农技服务
（8）：61-62.

黎武生，2019. 水稻的主导品种与主推技术分析［J］. 江西农业（22）：8，14.

李汉一，2021. 水稻稻管蓟马重发原因与防控策略［J］. 基层农技推广，9（7）：
8-11.

李杰，张洪程，钱银飞，等，2008. 水稻超高产栽培研究进展［J］. 杂交水稻
（5）：1-6.

李瑞民，付友强，潘俊峰，等，2017.节水高产栽培对直播稻产量、病虫害发生和抗倒性的影响［J］.中国稻米，23（4）：160-164.

李四军，2014.稻水象甲的鉴别与防治［J］.农业灾害研究，4（4）：10-12，30.

李文秀，周行，刘琅，等，2022.稻作生产中水、肥、药高效利用及对水稻的影响研究进展［J］.河南农业科学，51（6）：1-12.

李泽华，马旭，李秀昊，等，2018.水稻栽植机械化技术研究进展［J］.农业机械学报，49（5）：1-20.

凌霄霞，张作林，翟景秋，等，2019.气候变化对中国水稻生产的影响研究进展［J］.作物学报，45（3）：323-334.

刘晓飞，徐凤英，张清河，2009.稻螟蛉的防治对策［J］.农村实用科技信息（8）：35.

刘晓刚，2013.汉中水稻负泥虫的识别与防治［J］.植物医生，26（1）：10.

龙胜锦，2000.稻绿蝽在杂稻制种田中发生为害及防治对策［J］.种子（1）：72.

马丽，2011.现代水稻生产技术［M］.北京：中国农业科学技术出版社.

马世浩，杨丞，王贵兵，等，2021.水稻节水灌溉技术模式研究进展［J］.节水灌溉（8）：19-24.

梅俊豪，2017.种子丸粒化在水稻湿直播上的应用初探［D］.武汉：华中农业大学.

农业农村部农业机械化管理司.水稻机械化收获减损技术指导意见［OL］.http：//www.njhs.moa.gov.cn/qcjxhtjxd/202206/t20220601_6401272.htm.

孙凯旋，张玉屏，向镜，等，2024.水稻氮素营养诊断及施用策略研究进展［J］.杂交水稻：1-7.

唐翠清，张立波，2009.中华稻蝗的有效防治［J］.农村实用科技信息（6）：38.

田仓，虞轶俊，吴龙龙，等，2021.不同灌溉和施肥模式对稻田磷形态转化和有效性的影响［J］.农业工程学报，37（24）：112-122.

王飞，彭少兵，2018.水稻绿色高产栽培技术研究进展［J/OL］.生命科学，30（10）：1129-1136.DOI：10.13376/j.cbls/2018136.

王茂华，2014.水稻害虫黑尾叶蝉的识别与防治［J］.农业灾害研究，4（4）：45-48.

王盛春，王广成，张迪，等，2022.水稻机械化整地技术及机具［J］.农机使用与维修（12）：33-35.

王慰亲，2019.种子引发促进直播早稻低温胁迫下萌发出苗的机理研究［D］.武汉：华中农业大学.

夏贤格、张枝盛、汪本福，2023.湖北水稻生产转型研究［M］.北京：中国农业科学技术出版社.

夏雪健，2019.稻田机械耕整地新技术［J］.农业工程，9（7）：8-11.

叶永发，姜发灶，乐阿水，2007.稻瘿蚊的发生特点及无公害防治的研究应用［J］.江西农业学报（7）：55-56，67.

尹舒博，李国东，2007.稻瘿蚊综合防治技术［J］.辽宁农业科学（6）：52.

张洪程，戴其根，霍中洋，等，2012.水稻超高产栽培研究与探讨［J］.中国稻米，18（1）：1-14.

张洪程，胡雅杰，杨建昌，等，2021.中国特色水稻栽培学发展与展望［J］.中国农业科学，54（7）：1301-1321.

张秀玲，2017.水稻潜叶蝇与水稻负泥虫的识别与防治［J］.农业开发与装备（6）：156.

赵景，蔡万伦，沈栎阳，等，2022.水稻害虫绿色防控技术研究的发展现状及展望［J］.华中农业大学学报，41（1）：92-104.

赵丽敏，2013.水稻病虫害防治方法［J］.农民致富之友（21）：70.

赵士坤，董勤成，2009.水稻象甲的发生规律及综合防治技术［J］.安徽农学通报（上半月刊），15（13）：146-147.

赵文华，阳菲，谢美琦，等，2020.介体昆虫黑尾叶蝉的发生与防治分析［J］.华中昆虫研究，16：67-74.